创新之路

《创新之路》主创团队 著

THE GLORY OF INNOVATION

人民东方出版传媒

东方出版社

我们所说的创新型国家，简而言之，就是以科技创新作为经济社会发展核心动力的创新国家。

——万钢　中国科学技术部部长

非常感谢《创新之路》摄制组通过大量翔实的调研，给公众呈现一部思想、观念和价值导向非常明确的、高水平的描述创新驱动、讲解创新驱动故事的纪录片，能够在社会得到好的反响，能够发挥更大的正能量。

——王志刚　中国科学技术部党组书记、副部长

相信中国的科技发展在未来指日可待的时间里一定会有更多新的成就出来。

——白春礼　中国科学院院长

祝《创新之路》这部纪录片能成为中国大众创业、万众创新的一个号角。

——徐匡迪　中国工程院原院长

我也有一个中国梦，就是希望中国在几十年以后，在创新活力方面成为一个走在世界最前列的国家。

——徐冠华　中国科学技术部原部长

我希望通过《创新之路》这部纪录片，能够激发我们全民族创新的热情和创新的活力。

——申长雨　中国国家知识产权局局长

我觉得对中国这样一个有五千年厚重历史的国家，创新之路真的很值得去探索，我鼓励我们所有的人，都心胸开阔一点，对于这些勇于创新的人，多一点容忍，多一点支持。

——施一公　清华大学副校长

我认为创新是全球性的，但中国的创新将会很出色，因为它拥有众多人才，中国也将为世界作出更大的贡献。

——乔治·斯穆特　2006 年诺贝尔物理学奖获得者

最近国家又提出了科技创新的规划，我们怎么能够在吸取过去三四十年经验教训的基础上，对照别的国家的历程，取长补短，加快进程。如果能够作出一个片子来，从世界的高度来看中国，使得我们今后的路走得更好、更有效率，这个意义还是非常重大的。

——吴敬琏　中国经济学家

创新是一个非常好的话题，我希望通过《创新之路》纪录片，让中国人、让中国社会能够感受到，创新不只是一个结果，而是让我们每个人生活可以过得更充实、更幸福、更有自豪感的一个过程。

——陈志武　耶鲁大学终身教授

我们希望向一些伟大的创新者致敬。

——埃隆·马斯克　特斯拉汽车公司创始人

创新，是把中国推向世界强国、顶尖国家的一种最重要手段和途径，我相信《创新之路》这个片子拍得好、放得好，能够对中国走向富强产生巨大的作用。

——柳传志　联想集团创始人

我希望《创新之路》纪录片能够推动大众创业、万众创新，能带给创业者更多的经验和帮助。

——雷军　小米科技创始人

目　录
CONTENTS

01 活力版图

02 科学基石

03 放飞好奇

04 大学使命

05 一次飞跃

06 政府之责

07 市场为王

08 资本之翼

01

活力版图

如果人类不曾到达外太空，也许永远无法从这样的视角欣赏我们的地球。

1968 年平安夜，"阿波罗 8 号"的宇航员拍下了这张照片（左图），这是人类有史以来第一次看到地球的全貌。海洋、山川、河流和云层，它们立体、真切地展现在人们面前。

地球用了十几亿年的时间形成了适合生物演化的自然环境，又用了几百万年形成了人类赖以生存的生态家园。而在人类文明发展的几千年里，世界变得越加丰富多彩。

我们可以用自然、用政治、用文化、用历史，为地球绘制出各种不同的版图，但我们今天想尝试用另一个视角，重新定义这颗蓝色的星球，重新诠释我们的财富、文明和人类的创造力。

创新是什么?

每年申请哈佛大学的学生大概有 3 万人，但只有 2000 人会被最终录取。

2004 年，一位哈佛的大二学生在宿舍里开始了自己的创业项目。一个名为脸谱的社交网络就这样诞生了。脸谱迅速在校园传播开来，不久，这个年轻人索性辍学，专心致志地去打造属于自己的互联网帝国。

他就是马克·扎克伯格。

··

我和我朋友刚开始做的时候，我并没有想到我们能建立起一家公司，只是觉得我们应该要做这件事。但是，你知道，我坚信这是一件重要的事情。我坚信人们有这种需求，需要与亲人和朋友保持联系，与他们分享照片和生活点滴。

〔马克·扎克伯格　脸谱公司创始人〕

··

那个时候他只有 19 岁，非常害羞，还不怎么说话，还只是一个大二的学生。我们认为他非常擅于工程，擅于技巧与服务，而且他很有动力。

〔彼得·蒂尔　风险投资家〕

··

2012 年 5 月 18 日，位于纽约时报广场的纳斯达克电子交易市场，迎来了美国历史上第三大新股上市公司。扎克伯格的脸谱公司以每股 38 美元，募集了 184 亿美元。

如今，脸谱公司的用户数量超过 16 亿人，这样的规模大于世界上任何一个国家的人口数量。而它的市值最高曾达到 3000 亿美元。

3000 亿美元是怎样的概念呢？ 1500 年，人类历史的重要分水岭，当时社会的全部财富总和大约合现值 2500 亿美元。也就是说，如今这个 30 多岁的年轻人，借助互联网为人们提供了新的社交方式，这一创新所带来的财富，可以买下 1500 年时的整个世界。这些财富，不是靠对自然资源的抢占，不是靠对大众的横征暴敛，更不是靠烧杀掳掠，而是来源于头脑、来源于改变和提高人们生活的愿望。

类似的巨变，覆盖了现代社会的大部分领域：一台计算机可以储存中世纪所有图书馆里的全部抄本和卷轴的信息；五条现代的货船可以装下 1500 年时全世界所有船队的货物；人类的首次环球之行用了三年时间，现在却用不了一天。而所有这些，似乎都能关联到一个词汇，这就是"创新"。

所谓创新，就是人们利用新的知识、新的技术去创造新的产品，改进新的工艺，来推向社会，最终达到改善人民的生活、提高社会财富的目的。

〔万钢　中国科技部部长〕

以经济标准来衡量的话，创新就是新的思维框架，新产品新方法的思维框架，它广泛地被社会所采纳。

〔埃德蒙·费尔普斯
2006 年诺贝尔经济学奖获得者〕

大约 100 年前，奥地利经济学家约瑟夫·熊彼特第一次系统研究了"创新"对经济发展的作用，提出了创新的概念。他的独到见解轰动了当时的经济学界。从此，创新与经济和社会的繁荣结下深厚渊源。

熊彼特使用了一个很好的概念，经济的本质并不是均衡的，而是打破均衡。创造性地打破均衡的状态后，实现新的经济发展。这就是他所说的创新。

〔米仓诚一郎　一桥大学创新研究中心主任〕

创新万变，不离其宗

1931 年，熊彼特访问日本时，曾经在一桥大学

原创式创新

做过三场经济学演讲。

在熊彼特之前，经济学家们将经济的本质看作如何实现供给和需求的均衡，有人认为可以通过价格的自由竞争，也有人认为可以通过政府创造需求，拉动民间的供给。但是，熊彼特发现了"创新"才是经济增长的原动力。没有新产品、新技术、新市场、新组织的出现，就不会有真正意义的发展。

我们身处的现实也回应了这样的理念：电话代替电报，手机代替电话，智能手机颠覆传统手机，各种产品的交替上演正在以更快的速度发生。说不定此时此刻，在世界的某个角落，新的颠覆已经出现了。

2006 年年底，中国完成了三次动车大招标，分别从日本、法国、德国购买了 280 辆高速列车。三个国家的列车各有优势，可以适用不同的地质条件，但中国有着更加极端苛刻的环境，从东北的严寒，到西北的风沙，再到海南酷暑，需要同时经受零下 40 摄氏度和零上 40 摄氏度的考验，并且安全穿越 11 级大风，这一切都需要技术上的创新。最终，对每一次极限的突破，让中国高铁完成了自我超越，快速走到世界水准的平台上。

在未来的 7 年里，我们要在麻省的斯普林菲尔德的土地上投资 6000 万美元，建立一个 40 英亩的组装场地，为当地提供 150 个就业机会。

（余卫平　中国中车股份有限公司副总裁）

在中国，每年有近 10 亿人次乘高铁出行。中国高铁的运营里程超过 1.9 万公里，高速列车保有量超过 1500 列，运行速度可以达到每小时 350 公里，三项指标都是世界第一。高铁，让中国体会到了创新带来的自信和机会。

当创新的理念逐渐被广泛认知，经济学家、社会学家、科学家、企业家、投资家纷纷从各自角度，多元化地投入到对创新的思考。

2015 年，美国著名风险投资人彼得·蒂尔带着他的新书《从 0 到 1》来到中国。

从 0 到 1，是彼得·蒂尔对创新从无到有的精彩概括。不过，他并不认为所有的创新必须是这样的飞跃。他在创新模式中提到了一种"从 1 到 N"的创新。

一种是逐步改善，也就是一步步地改善产品，我认为很多公司，包括美国和中国都集中在逐步地稳步地改善。

（彼得·蒂尔　风险投资家）

与中国隔海相望的日本，是亚洲第一个完成现代化、跻身世界强国的国家。日本经济的腾飞，选择的就是一条跟随、学习、不断改进的创新路径。

跟随式创新

冲村宪树（日本科学技术振兴机构前理事长）认为日本之所以选择这条路径是因为日本的基础研究能力还比较薄弱，提供全新技术支持的能力还比较弱，一般都是以某个基本技术为基础，经过各种改良和改善，系统的改善，技术的改善，然后将东西变得更好。日本在改良这方面是相当擅长的。

1999 年，在苹果公司的一场发布会上，乔布斯放出了一张日本老人的照片，他说：一个对我、对苹果公司都影响很大的人今天去世了。这位老人就是索尼的创始人盛田昭夫。

日本科技新闻记者林信行连接受采访时说道："如果说乔布斯对日本的什么最感兴趣，应该就是工厂自动化。当时的日本，已经大量应用机器人自动化管理工厂的生产。据说当时乔布斯经常请盛田先生带他参观工厂。"

第二次世界大战之后，在东京一家百货商店的废墟上，索尼公司开业了。那时的"日本制造"根本没有影响力。

创办人盛田昭夫在回忆录中写道：我们特地把"日本制造"这几个字印得很小，直到海关工作人员说这些字小得都看不见了，才被迫放大。

小林三郎（中央大学大学院战略经营研究科客座教授）这样说道："在过去，'日本制造'代表着便宜，但是品质比较差的商品，在国际上是这么认为的，就是复制欧美的东西。"

虽然还没有强大的技术实力，但是盛田昭夫从一开始便拒绝为他人代工，立志开创索尼这个市场品牌。

日本索尼公司公关部工作人员冈田康宏介绍了一款特殊的收音机，"这是索尼1955年销售的日本首个晶体管收音机。这款收音机轻便易携带，是当时世界上很畅销的产品。也是第一次使用索尼标志的商品"。

索尼首个晶体管收音机

正是从这个晶体管收音机开始，索尼的产品走向世界。一段时间，索尼平均每天推出4种新产品，每年推出1000种。用渐进提高的技术和改良设计的产品，索尼构建起一个庞大的家电帝国。

日本的创新是渐进性的，而且我认为日本拥有非常有秩序的、结构性的系统。

（伊藤穰一　麻省理工学院媒体实验室主任）

从当年的小家电到今天的智能机器人，日本在跟随中追求创新，用精益求精的态度，成就了享誉世界的品牌，成就了一个制造强国。

集合式创新

创新本来就意味着改变，持续的、微小的改变也可能引发强大的创新。但有时候只是对现有技术的重新整合，同样能够产生惊人的结果。这又是怎样一种引人注目的创新方式呢？

复杂的协调，实际上并没有做什么新的研发，没有发明任何新的部件，但你把它们结合起来，以一种全新的方式。比如说，如果我们看看 iPhone，原始的 iPhone，所有部件早已经存在。但真正的创新就是将它们重新整合，用一种正确的方式，于是就有了智能手机，最终成为了普通消费者手中的必备工具。

（彼得·蒂尔　风险投资家）

美国《时代》周刊发表过一篇名为《当今时代谁最性感》的文章，文章中认为所谓最性感的人是那些战略资源的整合者，而不仅仅是技术创新者。他们完善他人的想法，优化他人的发明，将其集合成令人难以抗拒的新产品，可以颠覆整个商业模式和商业生态。

乔布斯就是这样的集合式创新者。他研究过日本的服装设计师三宅一生和华裔的建筑师贝聿铭，他参考过意大利工业设计的理念，还在奥地利贝森朵夫钢琴和德国保时捷汽车那里寻找过灵感。最终，他将多元的文化融合在了苹果公司的产品设计中，掀动了一场风靡全球的时尚热潮。

关于他，我有很多的回忆。

我常想他是我见过最聪明的人。

即使在我们创建苹果的初期，他没有太多的经验，但他非常爱提问，你为什么要这样做，你为什么要那样做？经常这样。他所给出的提案，在我印象里，总比别人的要好一些。

（斯蒂夫·沃兹尼亚克　苹果联合创始人）

当人们的目光从苹果公司落到它的诞生地——硅谷，也许能够更加理解这份创新的价值。硅谷真正的力量并非来自科技进步，而是拥有活跃的创造力。

电脑、晶体管、互联网、万维网、智能手机……硅谷并没有什么发明创造，但是当这些技术到达硅谷，就变了。在那里产生变化。那里的人们拿到技术，就开始思考。我们能用它们做些什么别人从来没有做过的？特别是，如何使用这些技术，可以为普通人所用。这是硅谷一直以来的原动力。

（皮埃罗·斯加鲁菲　《硅谷百年史》作者）

用创新破解生存发展的难题

18 世纪，蒸汽机的发明，开启了英国的工业革命；

19 世纪，钢铁和化学工业，带动了德国的兴起；

20 世纪，电气时代的到来，奠定了美国的领先。

300 多年来，以科技创新为标志的历史进程，勾勒了国家发展的趋势。如果世界版图可以用创新来描绘，我们看到：对于一个国家的发展而言，尽管自然条件、地理位置和国土面积依然重要，但是国家实力、国与国之间的差距，将更多取决于创新的活力。

- -

无时无刻都有新的东西出现，智能电话，互联网，没有人知道接下来会出现什么，他们只知道他们必须通过创新来站到这个曲线的顶端。他们同时也看到了国家必须加强创新才能在世界经济里面获取最大的经济利益。

（索尔·辛格 《创业的国度》作者）

- -

以色列农业科学家尼斯木·丹尼列曾说："这（以色列）是一片处于沙漠深处的贫瘠土地。这里的年降水量仅有 1 毫米，基本上全是沙漠。"

以色列是中东地区唯一不产油的国家。

以色列是一个随时要应对危机的地方。"我们

的故事就是，绝地挑战。"（索尔·辛格语）

我们必须要生存。所以，为了生存，我们要竭尽全力。在生命中的各个方面，以色列都要强大起来，强大到有能力自保。

（以撒·赛格夫　以色列国防空降兵前总参谋长）

以色列，一个深知忧患的国度。或许正因为对漂泊、迁徙、饥饿和苦难的记忆，犹太民族很早就确立了他们的生存法则：资源、土地以及一切有形的东西都会消失，一个人最重要的财富，是自己的头脑，是知识、是创造。

在世界人口中，犹太人占的比例不足千分之三，却诞生了 162 位诺贝尔奖获得者，在世界前 50 名富豪中，有 10 名是犹太人。以色列 1948 年建国，面积不及两个北京，人口不到千万，战乱和动荡从未停息，然而，科技对以色列 GDP 的贡献率却高达 90% 以上，它是一个举世公认的创新国度。

"这是 Map In Israel，一个众包地图显示了以色列的高科技生态系统。你能在地图上看到初创公司、创业加速器、投资人等。各种与以色列高科技相关的内容都在我们的地图上。用众包的方式分配信息，也就是每家公司自己进入，再经由我们批准。"本·郎这个以色列的创业者这样向别人介绍他的产品。

21岁的创业者本·郎来自一个移民家庭，几年前，他和家人从美国搬到以色列，定居在被称为"中东硅谷"的特拉维夫市。

由于人口较少，以色列建立了世界上最特殊的军队体系，大部分家庭都有参战的经历。军队不仅承担着保家卫国的责任，同时担当了科技创业的孵化器。

本·郎来自8200部队，又叫作"以色列国防信息化部队"。8200部队在以色列家喻户晓，这个国家的每一次战争都离不开8200部队的信息支持，众多知名的以色列高科技公司也是从这里开始创业的。

以撒·赛格夫（以色列国防空降兵前总参谋长）曾说："事实上以色列的高科技领导者就来源于军队。他们有些来自8200部队，有些来自从未提到过的更优秀的部队。在8200部队，他们为军队工作，负责信息的安全、保障交流的安全，或者别的项目。在他们服役满六年后，他们被允许离开军队，去发展自己的业务。"

虽然生在美国，长在美国，本·郎还是对血脉相连的以色列充满好奇和渴望。在以色列这片神奇的创新之地，他用自己的方式，拥抱着这个古老而又崭新的民族。

⋯⋯⋯⋯⋯⋯⋯⋯⋯⋯⋯⋯⋯⋯⋯⋯⋯⋯⋯⋯⋯

我一直迷恋以色列的创新，关注这个创业国度里发生的一切。我搬到这里的部分原因就是为了能够融入到它的创业生态中。

（本·郎　以色列创业者）

国家面临的复杂局面，让每个以色列人，伴随他们出生就肩负着一种责任和使命。而在今天瞬息万变的商业世界，创新创业也同样充满着生死未卜，但无论如何，当世界经济发展到今天，创新这条险境环生的道路仍然是实现国家强大的唯一出路。

仲夏节，北欧人最盛大的传统节日，也是抵御寒冬和黑夜的希望。

当世界经济发展到今天，创新这条险境环生的道路仍然是实现国家强大的唯一出路。

仲夏节在莫拉这个地方是一年中最大的节日，甚至超过了国庆节。这是一年当中白昼最长的一天，对瑞典人来说，有阳光、有温暖是最重要的，因为我们很快将经历一个漫长的冬天，所以，这一天是我们最开心的一天，我们要好好庆祝。

（安娜·海德　瑞典莫拉市议员）

北欧，位于欧洲大陆最北部，与北冰洋接壤。这里是世界上最寒冷的地区之一，冰川、森林、荒原、稀疏的人口，大自然没有给这里特别的眷顾。长久以来，阳光和温暖是人们最大的期许。

手工制作的木马，是北欧国家瑞典的象征。透过这些色彩绚丽的工艺品，人们偶尔还能够想象一百多年前的生活。

住在这里的人们很穷，土壤贫瘠，靠天吃饭很困难，所以他们不得不到森林里去做工。他们和自己的马匹一起住在很多小木屋里。闲暇的晚上，父亲们就会开始雕刻，为家里的孩子做玩具，他们经常选择马作为造型。

（斯坦·斯文森　瑞典达拉市市民）

如今，身处世界边缘，自然环境恶劣的北欧诸国，已悄然成为一片冰雪之下的创新热土。

但北欧是全球最富庶的地方。2011—2015 年，世界人均国民总收入最高的五个国家中，北欧占据三席。北欧也是全球最幸福的地区，为人民建立了覆盖一生的免费教育和高额的社会福利。

在全球竞争力排行榜上，北欧国家也常常遥遥领先。平静安详却生机盎然，究竟是什么演绎了北欧的故事？

世界上第一个摄氏温度计；第一款可大量生产的拉链；第一台头部伽玛手术刀；首例植入式人工心脏起搏器；影响国际汽车生产标准的三点式安全带……仅仅是瑞典一个国家，就为世界贡献了众多发明，而这些发明，如同那里的人们：朴实内敛，讲求生活和实用。

如果你回顾历史，瑞典有着100多年的创新历史。我坚信是因为我们不得不这么做。如果不这么做，我们就没法在这里生存。这里又冷又暗，所以，为了生存，我们必须创新。

（夏洛特·布洛格伦　瑞典国家创新署署长）

"生存"是创新的理由，然而，北欧的创新并非以"生存"为终点。

更大的机会，来自北欧的全球化视野。芬兰诞生了愤怒的小鸟、诺基亚，丹麦诞生了乐高，瑞典诞生了沃尔沃、宜家……这些来自北欧的世界级品牌和公司，从创办那天起，它们的目标就是整个世界。按照人口比例计算，瑞典是世界上拥有跨国公司最多的国家。

它有这样一种血液往外面走，我们看到现在瑞典的公司，在国外就有这样的一个传统。

（房晓辉　瑞典斯德哥尔摩大学教授）

瑞典又是一个很小的国家，所以很多企业在早期就得走出国门。大国的企业是不需要这么做的，因为本国的市场就足够大了，你待在本国就可以获得成功。所以我们不得不去全球化，在全球化被人

"生存"是创新的理由，然而，北欧的创新并非以"生存"为终点。

们广泛谈论之前。

（夏洛特·布洛格伦　瑞典国家创新署署长）

面向全球，面向市场，大大小小的公司，为北欧积累了丰厚财富，使北欧国家跻身世界人均财富强国行列。而今天，作为全欧洲创业热情最高的地区，北欧的很多创业者，开始把目光对准了全球最贫穷的地方，他们的行为，让创新，也让财富有了更好的归宿。

我被他们的苦难深深震撼到了。因为没有安全可靠的水源，儿童安全不被保障。为什么你不能为他们发明一件工具呢？我能做些什么吗？

（帕特拉·瓦斯特罗姆　Solvatten 创始人）

非洲大陆，人类最早的发源地之一，也是全球最贫穷的地方。新技术的传播，正在非洲催生一场跨越时代的改变。

在非洲交通闭塞的村镇，人们可以通过互联网，同步知晓世界上大多数国家和地区的消息。在城市，非洲本土的企业家们能够通过互联网，创建并管理自己的公司。而学生们可以通过网络教育，聆听全球顶尖高校的课程。

我们的任务是在全球范围普及世界上最好的教

育。我认为我们可以为这些人带来一个改变他们命运的机会，改善他们的生存状态，提供他们能够学习的地方。

（理查德·列文　网络教育 Coursera 校长）

今天，创新已经几乎到达世界每个角落，由此带来的人类福祉的改变是巨大的。而未来的创新，将更加坚决地去挑战贫穷、疾苦和教育的沟壑。

在过去的这段时间，我们也认识到科技、发明可以让人们战胜许多生存困难问题。

（罗兰·贝格　罗兰贝格战略咨询荣誉主席）

创新就是思考下一个提升人们生活水平的工具是什么，并有做成这件事的信心和信念，无论承担多大的风险，为实现它，付出一切。

（马克·扎克伯格　脸谱公司创始人）

今天，整个世界都在和"创新"这个词发生着关系。

美国拉斯维加斯的消费类电子产品展览会，聚集了全球最创新的电子消费技术和产品。

以色列，最大的海水淡化厂提供着整个国家一半以上的用水，是以色列赖以生存的保障。

德国，"工业4.0"计划全面启动，一个制造业大国正向万物互联的新目标迈进。

日本，正在加速推进人工智能研发，全力打造全球领先的超智能社会。

韩国，正在寻找一种互联网科技创新和文化创意结合的发展模式。

中国，"大众创业，万众创新"成为国家最高的呼声。

大众创业，万众创新

今天，我们是否可以透过某些指标，通过科学的计算，来量化创新，寻找到创新的规律呢？

2006年，中国国家创新指数诞生。这意味着中国第一次用科学化的手段，努力掌握全球创新跃动的脉搏。从全世界224个国家和地区中，挑选了40个国家作为参照样本，对这些创新国度进行全面的分析和研究。

我们考察的这40个国家，是世界上开展研发活动比较多的，经济实力比较强的国家。这40个国家的GDP占全世界的88%，这40个国家的研发经费支出的总额占全世界的98%。

（武夷山　中国创新研究院院长）

中国开启了一次前所未有的国家行动。2012 年 11 月，中国正式提出"科技创新是提高社会生产力和综合国力的战略支撑"，宣布实施创新驱动发展战略。

在创新驱动的条件下，它追求的不是社会发展的、经济发展的高速度，而是经济社会发展的高质量。

（万钢　中国科技部部长）

经过近四十年的经济增长，中国成长为世界第二大经济体，迎来了前所未有的发展机遇。然而，相比模仿和学习，获取创新的能力、重新建立自我的过程注定更加艰难。

位于江苏连云港的田湾核电站，是中国第三大核电站。当年它是中国和俄罗斯之间一项重要的政府合作项目。根据双方政府协议，电站总体技术、工程设计、设备供应和技术调试全部由俄罗斯方面负责。

2007 年，当一期工程 2 号机组进行技术调试时，中国方面却遇到了重大困难。

特变电工副总经理吴薇介绍说："最早的时候我们田湾核电，有一批全俄，俄罗斯供的核电产品。当变压器投运的时候出现了一些问题，但俄罗斯人不认为产品有问题，相对比较傲慢。"

田湾核电站是中国投入的重点工程项目，由于主变压器的技术掌握在俄罗斯专家手中，技术故障又一时无法解决，工程陷入停滞，中方建设团队面临着巨大的压力。

"在叫不来俄罗斯人这样的情况下，田湾核电站那是中广核的，它是业主，就将了我们一军。说，你们不是变压器的发祥地吗？你们不是定了中国变压器的标准吗？为什么不会做核电变压器？为什么要进口？"

这些责问，深深刺激了特变电工的工程师团队。为什么对于项目这么重要的部件，中国自己不能生产？他们做了一个大胆的决定，召集所有一线工人开始仔仔细细地解剖这台来自俄罗斯的变压器。

有些选择是被动的，有些选择是主动的。一旦决心要把技术变成自己的，独立的意识就在慢慢萌芽了。经过一个多月不分昼夜的研究，技术故障终于被突破。

我们把田湾的所有有问题的产品全部在我们整个田湾核电站一次投产之前修好了，田湾二期工程的时候中广核就下了一个决定，再也不相信进口了，全部由国产特变电工来承担。

（吴薇　特变电工副总经理）

从此，中国不再跟随在其他国家后面，做一名亦步亦趋的小学生。2014 年，中国建成世界第一套特高压标准体系，制定了世界性的行业标准。今

天，特高压、高铁、核电这三项技术，已经处于世界领先水平，成为中国装备制造业的名片。

在中国很多人都在想着去尝试创新，这已经是很常见的想法，并已经在中国形成风气。

（埃德蒙·费尔普斯　2006年诺贝尔经济学奖获得者）

2014年，曾经默默无闻的小米手机，开始进军国际市场。今天，包括小米在内的三家中国企业进入全球智能手机市场前五，全球十大互联网公司，中国占了四家。中国互联网产业已占据全球近半壁江山，一批与互联网相伴而生的中国企业走进了世界，并已经与世界顶级高科技品牌正面竞争。

我们去工商局注册的时候，人家问我们是干吗的，我说我们是做新型农业的。

（雷军　天使投资人）

中国的互联网公司跟美国一流的互联网公司，技术能力我觉得差不多，在这个平台上面，我们跟西方的发达国家是一个量级的。

（姚星　腾讯公司副总裁）

中国这么大一个贸易大国，应该参与世界贸易的游戏规则，应该参与世界制造业的变革，所以我

觉得由于出现了电子商务、互联网以后，也许我们能够为 20 年以后的世界贸易和制造业的变革，加入自己的一种色彩在里面。

（马云　阿里巴巴创始人）

2014 年 9 月，阿里巴巴正式在美国纽约证券交易所上市，成为美股历史上最大规模 IPO。

同年 11 月，腾讯提出"连接一切，改变未来"的理念，而腾讯推出仅五年的微信，已经覆盖中国 90% 以上的智能手机。

而更大的变化，则来自千千万万个草根创业者和背后的创新生态。2014 年，风险资本为中国的初创企业投入了创纪录的 155 亿美元。

创新，让我们正置身于一切皆有可能的时代，让未来更加充满想象。

过去我们错过了科技革命的机遇，导致我们后来在近百年，甚至一二百年的发展过程中，处于被动地位。现在看这种机会又来了，各种理论的突破、各种技术的突破、各种新型产业的快速发展，将深刻地改变世界发展的格局，改变世界发展的进程，世界要重新洗牌，中国的真正机会来了。

（胥和平　科技部调研室前主任）

我希望中国几十年以后，成为一个在创新活

力方面走在世界最前列的国家。我确实有这样一个梦想，但是不是奢望，我觉得从我们民族的能力来讲，我们能做到这一点。

（徐冠华　科技部前部长）

在世界著名的大英博物馆里，珍藏着一个了不起的创新成果，即来自中国的青花瓷。

青花瓷诞生于中国的宋代，最早以青瓷为主。到了元代，蒙古人崇尚白色，于是青白相融，构成了青花瓷的底色。在丝绸之路上，青花瓷的花色又融合了波斯商人的异域风情。后来，又加入了中原文化的松梅竹兰、蒙古人喜好的芍药牡丹、西亚地区婀娜的葡萄藤；再后来，欧洲人的审美也重塑了青花瓷。

青花瓷，这是中国文明与世界文明对话中缔造出的杰出创新。她绵延千年、纵横万里，世界上哪一个创新会有如此力量，打动不同民族、不同文化、不同审美的人！

中国有着创新基因非常丰厚的民族和人民，在21世纪的今天，它将被重新激活，再次踏上创新之路。

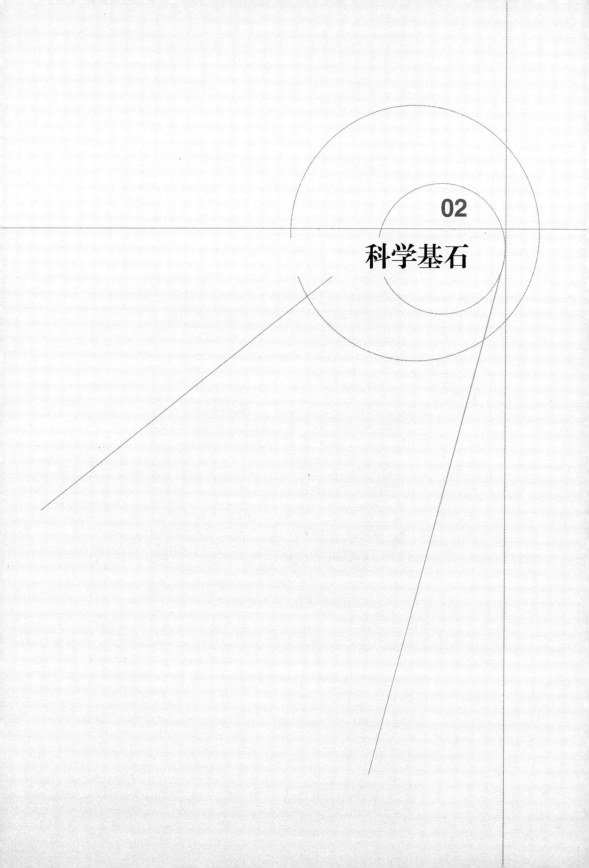

02

科学基石

1953 年初春的一天，在英国剑桥市老鹰酒吧，出现了两个兴奋的年轻人。

这两个人是剑桥大学卡文迪许实验室的詹姆斯·沃森和弗朗西斯·克里克。他们俩来到酒吧喝酒，并在这间小酒吧里宣布他们发现了生命的奥秘——DNA 双螺旋结构。

两人在酒吧里滔滔不绝地讲起自己的发现，却没有人能理解他们在说什么。

10 年后，沃森和克里克被授予诺贝尔生理学或医学奖。当年那个令他们激动万分的 DNA 双螺旋结构，逐渐揭开了困扰生物学界多年的谜团。

这根肉眼看不到的细线，掌管着地球上所有生命的进化与传承。这是关于生命的秘密手册，它赋予了每一个生命不同的样貌，连同每一项细微的差别。

对基因的破译、重组、编辑，预示着人类将深入生命机体，随之而来的将是又一个未曾想象的新世界。这一过程中，"科学"彰显了它的力量。

正是因为找到科学，人类才能不断开掘创新的潜能，当创新被世界以前所未有的热情拥抱的时候，对科学的态度，决定着这条创新之路能走多远。

理性开启科学与创新之门

在人类学家眼中，人类的进化是一个漫长的过程。

大约在一万年前，第四次冰川消退之际，人类有了一次崭新的登场。

人们学会了制造工具、生火捕猎，又开始耕作种植、驯养家畜、提炼金属。人类逐渐在地球上定居繁衍，文明的曙光浮现在世界各个地方。

在有记录的文明到来之前，人类就开始对周围的世界提出问题：太阳为何带来光明？苍穹为何会旋转？日月星辰是怎样运行的？凭借不同的经验和猜测，不同文明对自然现象有着各自的解释。然而这些结论，大多都归结于一些未知的、超自然的力量。

直到一个古老的文明首先开启了人类理性的探索。

这里是位于欧洲东南部的希腊，和其他古代文明一样，希腊人也有着复杂而系统的神话体系。但不同的是，在希腊人看来，诸神并非完美与全能，神灵也像凡人一样会犯错误。这种崭新的眼光，让希腊人在解释自然现象的时候，更少地依靠神明、巫术这些超自然的力量，而是采用严谨的观测、演算和推理。拥有了理性思维的人们，也渐渐有了认知世界的能力与自信。

正是科学精神，让人类从地上直立起来，我们与其他四足动物不同，能够直立行走，可以抬头仰望星空，可以望向前方。

——伊万诺·迪奥尼吉
（博洛尼亚大学校长）

希腊开启了一扇通往理性的大门，取得了众多影响世界的科学成就：

希波克拉底对疾病作出理性的解释，彻底将医学和巫术区分开来，奠定了现代医学的基础；

欧几里得写下的著作《几何原本》，成为西方文明的数学基础；

阿基米德发现了杠杆原理和浮力，为机械学和应用科学打下基础；

托勒密结合 400 年来的天文观测数据，创立了地心说，统治欧洲天文学界 1400 多年。

科学的种子开始萌芽，随后在欧洲播撒开来。经过千年的酝酿，在临近希腊的国家意大利，结出了丰硕的果实。

15 世纪末在意大利博洛尼亚大学，迎来了一名对天文学非常痴迷的学生，他叫尼古拉·哥白尼。在当时，人们要学天文学，就是学古希腊天文学家托勒密的地心说理论。一千多年来，地心说成为天体运动的主流模型。

就在 1497 年 3 月 9 日，24 岁的哥白尼第一次开始怀疑托勒密理论的权威性。

这天，哥白尼观测到月亮遮掩金牛座，这一天象让他认识到，那片区域里存在着看不到的半个月球。而这和托勒密在地心说中关于月亮的描述是不吻合的。

科学进步能够改变世界，它从实质上改变了我们的生活方式。
——菲利普·夏普
（美国科学促进会主席）

地心说认为地球是宇宙的中心，所有行星都围绕地球运转。在这个学说系统里，由于月球运行方式复杂，所以很难精确重现。正是因为如此，哥白尼在博洛尼亚加深了对月球运行方式的认识，这样他就有了挑战地心说的准备。

（法布里齐奥·博诺里　博洛尼亚大学天文史学教授）

经过长达30年的观察、测算和校准，哥白尼写下了《天体运行论》一书，他提出，太阳才是宇宙的中心，地球和其他行星都围绕太阳转动。

这一理论的提出不仅是对地心说的质疑，也让上帝的眷宠——人类的地位一下子无从依托。为了躲避教会的审查，直到哥白尼弥留之际，1543年，《天体运行论》才得以出版。

就在哥白尼去世的三十多年后，一位名为乔尔丹诺·布鲁诺的意大利科学家，因为宣扬日心说而被教会视为"异端"，被施予火刑。随后，《天体运行论》也遭到教会禁止。日心说在提出后的半个多世纪里，命运多舛。

探索科学是人的一种天性，你不管有多大压力来压它，人总是要发现宇宙的奥秘，这种好奇心也好，这种天性也好，这个是什么东西都难不住的。我觉得世界有一种天生的动力推着整个世界不断地

探索科学是人的一种天性。

走向文明，走向进步。

（吴军　学者、《文明之光》的作者）

- -

批判的精神是科学进步的基础。
——亨德利克·奥尔伯兹
（德国洪堡大学校长）

佛罗伦萨的圣十字教堂，这里安葬着这个国家最杰出的历史伟人。伽利略就埋葬在这里，他被人称作"近现代科学之父"。在哥白尼之后，他接过了挑战地心说的接力棒。

1623 年，伽利略出版了《试金者》一书。他在书中写道："宇宙是一部始终向我们敞开的鸿篇巨著，它是用数学语言写成的，字母是三角形、圆形等几何形状，没有这些，人类连一个字都看不懂。"

- -

他（伽利略）说，除了理性实验，更需要严谨求证。这一点非常重要，因为科学自古以来就是以实验为基础的，并建立在观察自然的基础上，由假设得来结论。

但是科学没有完全的真实，也不会假装它有绝对的正确。

（法布里齐奥·博诺里　博洛尼亚大学天文史学教授）

- -

为了证明哥白尼的日心说，伽利略亲手研制了第一架天文望远镜。这个新的研究仪器，可以将物体放大 1000 倍，清楚地看见月亮上的山脉，其他行星的卫星，以及太阳的黑子。牢不可破的地心说越来越岌岌可危。

当日心说逐步代替地心说，一个广阔无垠的宇宙展现在人类面前。科学又到达了一个新的高峰，它在社会运行当中逐渐成为一种趋势，谁掌握了科学谁就拥有了话语权。

科学在社会运行当中逐渐成为一种趋势，谁掌握了科学，谁就拥有了话语权。

科学代表着怎么样能够最好、最快地逼近真理，而不是照顾任何人的权威和面子，这个文化是可以尖锐地批评和推翻以前的理论，推翻权威的理论，批判权威，不断批判它。

（饶毅　北京大学理学部主任）

1642 年，伽利略去世，但科学的接力棒还在继续传递。这一年，一位改变世界的科学家在英国出生了。艾萨克·牛顿，这位杰出的科学家，发现了万有引力，贡献了"三大运动定律"，创立了微积分。牛顿的出现，成为人类科学史上的重要分水岭。

像牛顿就把很多的物理现象用很简洁的数学方式描述出来，所以对于我来讲科学的精神就是一个不断探索的过程，科学的精神就是很多的事情今天不能解释，那能不能有一个方式，怎么样可以去解释这样一个过程。

（沈向洋　微软全球执行副总裁）

今天，我们试想如果没有牛顿，人类将会失去什么？也许就不会开启工业革命的大门，不会有后来爱因斯坦的相对论和量子力学，不会有今天的流水线、交通工具和我们目光所及的大部分创新。

人们在牛顿的墓志铭中写道：自然和自然的定律隐藏在黑夜中，上帝说："让牛顿来吧。"于是宇宙一片光明。由牛顿引领的科学将欧洲带入一个崭新的时代，科学的思维与方法的出现，标志着人类文明进程的一个重要开端。

科学的思维与方法的出现，标志着人类文明进程的一个重要开端。

创新是科学的力量之源

下面这几幅画展现了过去 3000 年间人类知识的发展旅程。

这里展现的是希腊。希腊是我们的文明和知识的起源地。

这里展现的是英格兰。

这幅画的背景里有伦敦的圣保罗教堂。

这些画体现的是知识如何一步步从玩木头发展到政府的诞生，英格兰有了议会，然后开始了对外扩张之路。

（海瑞葛爵士　麦肯锡前合伙人）

此时的英国，历经着一项重要的政治变革。1688 年，英国实现君主立宪，第一个创建了现代政治制度。从此国王不再高高在上，一个由小业主、工厂主、手工匠人和商人构成的社会群体，日渐庞大起来。

在这样的社会氛围下，科学在英国渐渐发展为一种观念、一套方法，科学逐渐根植于人们心中，成为一种习惯。无论是科学家、商人，还是平民百姓，整个社会洋溢着对知识的渴求和对人的创造的赞美。科学与技术，有了彼此相容的交点。

英格兰中部地区，这里曾悄无声息，鲜为人知。

直到工业革命前夕，原本安静的河流突然拥有了活力。

活力来自水力纺织机的大规模出现，它由工厂主理查德·阿克莱特发明。而这项发明带来的不仅仅是技术上的改进，更是生产模式的颠覆与创新。

18世纪末，理查德·阿克莱特在德比郡的德文特河沿岸建立了纺织厂，这是世界上所有现代工厂的雏形。现代工厂逐渐取代了传统作坊，拥有了流程工序、规章制度，把科学管理引入生产，通过技术创新占领市场。

随着现代工厂在英国的大规模出现，越来越多的人参与到生产和发明，这样的社会变革成为历史的新鲜事物，一个强大的工业化国家就在科学和技术的交织中，被塑造出来。

科学是一种思维方式，一种观念，一种象征，一种可以不断积累、自我纠错的知识工具。

这次工业革命除了在科学上的进步、技术上的进步和产业的能力提升以外，同时也吸引来了大量的投资就业，同时也让一个国家，像当时的英国成为全球最强大的国家。

（王志刚　中国科技部党组书记）

1851 年，首届世界博览会在伦敦水晶宫召开，这是一次国家间实力的比拼，不是通过战争，而是以文明的方式，进行着创新成果的较量：来自英国的蒸汽机，在 10 万多件展品中最为抢眼。无比自豪的维多利亚女王在世博会当天的日记中写道："这是我们历史上最隆重、最辉煌的日子。"

随着大量的商品被制造出来，社会的财富发生了根本改变，它不再仅仅是土地、森林、矿产，财富可以通过创新而无限增长。

工业革命之后，人类生活的每一个方面的变革都加快步伐，比历史上任何时候都快。因此，过去的 200 年，或者是 250 年，人类生活的每一个物质方面的变化，都比历史上任何时候快。

（乔尔·莫基尔　美国西北大学经济史教授）

英国哲学家弗朗西斯·培根曾掷地有声地提出："知识就是力量。"这也许是世界上被翻译成最多语

基于科学引发的创新，广泛而深刻地改变了人类生活的方方面面，树立起人类进程的一座里程碑。

种的一句名言。

在科学诞生之前，权力、武力，这些才算得上是力量，而今天，知识，它是真正属于每一个人的力量，也是属于全人类的力量。

创新给科学的梦想插上翅膀

科学的诞生，如同揭开一道成长的封印，让人类在短短三四百年间，获得了数千年来都无法比拟的成就。求知与求真的愿望，激发了各个时代的人们不惜代价地寻求答案，科学的成果愈加璀璨。

卡尔·冯·林奈教授，是乌普萨拉大学的理论医药学教授，创立了植物、动物、矿物、鱼类等任何能想到的生物的分类法。他建立了双名命名法，今天依然在沿用。

25 岁那年，林奈进行了一次野外探险。他被生命的多姿多彩打动，立志创建一套实用而简单的方法，能够辨识那些如潮水般涌来的新发现，给地球上所有的动植物分类命名。

面对丰富庞杂的大自然，林奈孤身而战，把数以万计的动植物，归入到一套界、门、纲、目、属、种的分类体系中。

科学诞生，带来了一种前所未有的崭新力量。

林奈书房的一个房间

这个房间是书房的一部分，实际上这是一个双屋书房，这间是标本收集，他的书在下一个房间。你们可以看到一些储藏阁。这是用来储藏干的植物、昆虫等等，每一个东西都保存在里面。

（麦克尔·诺尔比　林奈博物馆讲解员）

为了收集尽可能多的动植物标本，林奈几乎倾家荡产。据估算，他当时大概花了 5 万美元买这些收集的东西，这个数额几乎是他 150 年的工资。在日复一日的研究中，他让 7300 种植物，4235 种动物，拥有了属于自己的名字。如此浩大的工程全部由林奈一人完成，这样的研究工作持续到他生命中的最后一刻。

林奈是在这间屋子度过了他生命的最后一年，

在这里去世。他之所以从他的卧室搬到图书室，原因非常简单，从这里可以看到花园。他晚年的时候患有中风，瘫痪了。他被人带到公园里，看到植物，他想用手抓起一个植物，可已经无法控制自己的手，让植物变形了，于是他开始哭了。

（麦克尔·诺尔比　林奈博物馆讲解员）

林奈的故居

林奈过世后，留下了这座故居。他被誉为现代生物分类学的奠基人。林奈用科学的方法，让大自然从混沌变得清晰，从"不可知"变得"有秩序"。

正因为有了科学的分类法，此后植物解剖学、生理学、胚胎学等相关研究才得以发展。

在林奈的《自然系统》一书中，关于人类物种的词条，他专门写下一句苏格拉底的话："人，请认识你自己。"

自古以来，生活在陆地上的人们就有一个梦

想，挣脱大地的束缚，自由翱翔于天空。上千年来，飞翔曾是人类无法企及的奢望。直到 19 世纪，科学的羽翼愈加丰满，天空，开始向那些拥有飞翔梦的人敞开怀抱。

19 世纪末，这一梦想降临在了美国腹地俄亥俄州代顿市一个普通的自行车店里。擅长机械制造的莱特兄弟经营着这家店铺。

1896 年，一个令人震惊的消息传到自行车店。

著名的德国滑翔机之父奥托·李林塔尔，在试飞时不幸遇难。而这一事件却无意中点燃了莱特兄弟征服天空的热情。

莱特兄弟的后人阿曼达·莱特在回顾他们如何会走上飞行发明之路时说："威尔伯和奥维尔一直都在跟进李林塔尔的试验，通过报纸和李林塔尔发表的论文，他们认为李林塔尔是在飞行试验方面走得最远的人。因此在李林塔尔去世的时候，威尔伯叔叔想，为何一个知识如此丰富的人，会死于试验呢？我们必须贡献自己的一份力量，来探索人类如何才能飞翔。"

就这样，兄弟二人将自行车店后院改造成实验室，用自行车零件和木头，搭建飞机的模型，莱特兄弟的举动，在邻居们看来是十分疯狂的，也是十分冒险的。

但是在莱特兄弟看来，他们的冒险背后是有科学作为支撑的。19 世纪末空气动力学的出现，为飞

科学是一个综合的学问，科学精神发展到今天实际上就变成了一种新的世界观，也可以说是一种信仰。

——吴霁红
（北京大学访问教授）

机制造提供了理论基础；同一时期，德国发明家设计出了用于汽车的汽油发动机，解决了最基础的动力问题；这两个看似独立发展的事物融合在一起，让飞机制造在理论上成为可能。

阿曼达·莱特还说："当两兄弟告诉父亲他们要解决人类飞行的问题时，父亲说：'要小心。从现在开始要尽可能阅读有史以来关于航天试验的所有资料……无论你是否开心，无论你是否对它抱有热情，都要记住它不仅仅是与某一个学科有关。'"

在书房，莱特兄弟阅读了几乎所有关于航空理论的书籍。

三年后，他们制造出了像风筝一样用绳子牵引的滑翔机，但是，飞机在空中却常常失控。当地报纸讥笑他们的飞机"像一把灰泥一样滑进了水里"。而几乎也是在同一时期，各国不断传来飞机坠毁、驾驶员遇难的噩耗，人类的飞行梦连连受挫。

面对极有可能发生的意外，莱特兄弟的父亲让两人作出承诺，不会同时登上试飞的飞机，至少他不会同时失去两个儿子。

为了实现人类的飞翔梦想，也为了降低载人飞行的事故率，莱特兄弟不得不从事大量严谨的科学试验，他们在自行车店后院添加了测试的新装置。

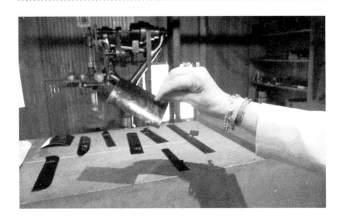

微型机翼面以及设计图

　　试飞季后他们回到家，建造了风洞。图中这些是微型机翼面以及设计图，它们都是不同的，在1901年秋天和1902年冬天，莱特兄弟对200种机翼面进行了测试，以便找到一种机翼面，在载人的情况下，能给飞行器提供最大升力。

（阿曼达·莱特　莱特兄弟后人）

　　后来，通过观察小鸟，威尔伯明白了机翼的扭转和弯曲，可以保持飞机的稳定。如果你想控制你的飞机去你想去的地方，关键就在于机翼的弯曲。这是莱特兄弟想出来的主要理论，也是使他们超前于其他早期试验者的突破点。

　　上千次的试验，不断修正前人的数据，科学的工具、科学的方法，为莱特兄弟灌注了超越前人的勇气和热忱。

　　奥维尔叔叔登上飞机，他开启发动机，飞行器开始在跑道上滑行，威尔伯在旁边跟着跑。你可以看到沙滩上他的脚印。在飞机飞上了天空的时刻，飞机越过了威尔伯，而他还在追着飞机奔跑。

（阿曼达·莱特　莱特兄弟后人）

莱特兄弟 1903 年第一次试飞成功

　　上面是一张有标志意义的照片，这也是一次划时代的飞行。1903 年 12 月 17 日，莱特兄弟的"飞行者 1 号"成功试飞，尽管飞行距离只有不到 37 米，但这一步，把人类带到了新的自由高度，开启了人类的飞行历史。

　　1909 年 6 月，莱特兄弟环绕美国自由女神像，举行了盛大的飞行表演，成千上万人观看了这一壮举。长久的想象成为了真切的现实，仰望千年的天空忽然间触手可及。

莱特兄弟的故乡代顿市，成为世界航天工业的核心之地，汇集了一大批科技领域的国际性大企业和航空科研机构。在莱特兄弟之后，空气动力学等科学理论迅速发展，带来的众多创新，推动着美国航空航天产业的发展，为美国经济贡献了强大的力量。

航空航天产业以及所有以科学知识为前提的创新，需要的时间最长，跨度也最大，从科学到技术，到产品，到大众接受，需要相当长的周期。

发动机诞生

法拉第于 1831 年左右提出了电学原理，直到 1866 年德国奥纳·西门子才应用此原理发明出第一台发电机，历经 35 年。

计算机诞生

1938 年信息论的奠基人香农发表了经典论文，首次引用二进制，而直到半个世纪后的 1981 年，世界上第一台个人计算机才出现，人类从此真正意义上实现了计算机的产业化。

互联网时代

1969 年，美国国防部资助建立"阿帕网"；

互联网时代

1969年，美国国防部资助建立"阿帕网"；到1990年，万维网的发明者蒂姆·伯纳斯·李设计了世界上第一个网页服务器。人类用了21年迎来了互联网时代。

1990

1987

1981

1969

人工智能

1956年人类正式开始研究人工智能；1987年，神经网络作为一门新学科诞生；直到2016年3月15日，谷歌的AlphaGo战胜韩国围棋棋手李世石。电脑战胜人脑历经整整60年的时间。

1956

计算机诞生

1938年信息论的奠基人香农发表了经典论文，首次引用二进制，而直到半个世纪后的1981年，世界上第一台个人计算机才出现，人类从此真正意义上实现了计算机的产业化。

1938

1866

发动机诞生

法拉第于1831年左右提出了电学原理，直到1866年德国奥纳·西门子才应用此原理发明出第一台发电机，历经35年。

1831

到 1990 年，万维网的发明者蒂姆·伯纳斯·李设计了世界上第一个网页服务器。人类用了 21 年迎来了互联网时代。

人工智能

1956 年人类正式开始研究人工智能；1987 年，神经网络作为一门新学科诞生；直到 2016 年 3 月 15 日，谷歌的 AlphaGo 战胜韩国围棋棋手李世石。电脑战胜人脑历经整整 60 年的时间。

你可以在没有良好的科学基础的情况下创新，但无法进行重大的创新、突破性的创新。

（罗伯特·约翰·奥曼　诺贝尔经济学奖获得者）

科技创新既要描述科学的规律，又要去探索创造新的技术，同时把它推向市场，来拉动创新、来加快社会的进步。

（万钢　科技部部长）

科学激扬创新的力量

1982 年 4 月 8 日，位于美国华盛顿的一家研究所里，达尼埃尔·谢赫特曼正在从事研究工作。这一天，在进行电子通过铝合金衍射实验时，他观察到了一种反常的现象。

谢赫特曼的实验照片

谢赫特曼指着实验照片说："你可以看到这些晶体颜色极黑，这是很不正常的，我觉得自己需要深入研究。"

作为材料学专家，谢赫特曼意识到，自己有可能发现了一种全新的材料。从那天起，他增加了实验次数，在记了整整一本实验数据之后，他确信那是一种从未被发现的材料——准晶体。

自然界不可能存在像谢赫特曼所说的那种原子排列方式的晶体，这是学术界公认的、最基本的事实，没有任何人会相信他的发现。

"我记得，我提出这个发现的第一天，我的小组负责人到我的办公室，告诉我我的发现是不可能的，他不想再和我一起工作了，请我离开他的小组，立即离开。"谢赫特曼回忆说。

就这样，谢赫特曼失去了在美国的工作，他回到了自己的家乡——以色列。

以色列是全世界犹太人的故乡，这个民族曾经历过一次次被驱逐离散的苦难岁月，但是他们有着与生俱来的勤奋和善于质疑的性格。

在回到以色列之后，谢赫特曼公开发表了准晶体假说。这一次，他遭遇了更严重的挑战，他可能要准备好与整个学术界为敌了。

获得过两次诺贝尔奖的莱纳斯·鲍林教授公开表态说：准晶体这种东西根本不存在。一边是学术泰斗，一边是默默无闻的普通学者，两位身份悬殊的科学家之间，拉开了一场长达 10 年的论战。

谢赫特曼说："他（莱纳斯·鲍林）几乎是最著名的化学家了，在同时代的美国，数以十万计的化学家追随他，一开始的时候，我觉得不自在，因为他是个传奇，而我是个无名小卒。渐渐地情况发生了改变。"

几年后，法国和日本的科学家分别制造出了准晶体，论战的天平有了微微的变化，科学家们开始越来越认真地对待这一发现。

2011 年 10 月 5 日，一个意外的消息从瑞典传

不要光告诉我书本上没有这个结论，我认为这个论点不够有说服力。如果你只相信书本上的内容，那么科学就永远不会进步。我们需要一直去挑战。

——达尼埃尔·谢赫特曼

（诺贝尔化学奖获得者）

到谢赫特曼的办公室。

那天，谢赫特曼坐在电脑面前，电话响了，他用希伯来语接电话："我是丹尼。"电话那头说："你好，这里是瑞典皇家科学院。不要挂断电话，我有很重要的事要说。"谢赫特曼回答："喔喔！"然后对方告诉他，他获得了 2011 年诺贝尔化学奖。等他从电话旁边走开，一切又如常。

由于谢赫特曼为晶体学和材料学作出的巨大贡献，他独享了 2011 年诺贝尔化学奖。瑞典皇家科学院在颁奖词中说：获奖者的发现，改变了科学家对固体物质结构的认识。

这一年，谢赫特曼 70 岁，在科学的道路上，他为自己的发现坚守了 30 年。

在诺贝尔博物馆，展示着一个世纪以来人类的最高智慧：大约八百名获奖者的照片，被一页一页循环传送。正是他们的智慧与创造，改变了这个世界。他们引领的科学，成为塑造人类文明最强大的力量。

> 要永远保有挑战精神。很多时候，挑战现有科学的结果被证明是不对的。但是，有时候，哪怕仅仅是一次，挑战权威的结果被证明了是对的，科学就可以取得一次飞跃。
>
> ——达尼埃尔·谢赫特曼
> （诺贝尔化学奖获得者）

科研的发展过程是一个非常崎岖的道路。科学不是线性发展和指数增长的，是螺旋上升的。

（沈向洋　微软全球执行副总裁）

美国康奈尔大学的图书馆里，珍藏着世界第一本中文科学刊物。1915 年 1 月，一批中国留美学生以科学救国为目的，创办了《科学》杂志。这本杂志曾经在世界拥有很高声誉，美国著名的发明家爱迪生甚至感慨道："伟大的中华民族在觉醒。"

这本杂志的创始人任鸿隽曾经说过："对于各种问题或事物，加以独立的研究。研究所得的结果，才是我们信仰的根据。"

这段话，至今引人沉思。一个古老的文明在等待科学为她重新点燃光辉。

对于各种问题或事物，加以独立的研究。研究所得的结果，才是我们信仰的根据。

——任鸿隽
（我国著名学者、科学家、教育家，《科学》杂志创始人之一）

有时候别人会问我，你说制约创新发展的因素是什么？这可能涉及要大力提倡科学精神去质疑，不迷信权威。

（白春礼　中国科学院院长）

创新经常是要很孤独，创新就是标新立异，在科学发现上永远是少数人，极少数人先发现真理，因此这个社会一定要容忍这些人，不能够打压。

（施一公　清华大学副校长）

03

放飞好奇

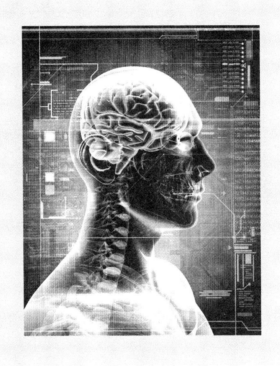

在日本科学技术馆中，关于地震原理以及相关减震抗灾技术的介绍，吸引着无数孩子的目光。

作为一个位于地震多发地带的国家，日本的忧患意识深植于文化的基因里，同时也充分地体现在对下一代教育的思考中：究竟应该用什么样的方式，才能帮助孩子们更好地面对未来的种种挑战呢？

为了让孩子们心中早一些种下科学的种子，让孩子们天性中的好奇心得到释放，让创新从孩子们开始，我们需要做些什么呢？

日本科学技术振兴机构前理事长冲村宪树在接受采访时说："说到创新的产生，如果全国民众不共同参与的话，是不能实现的，因此需要青少年甚至全体国民充分理解科学技术的相关内容。"

在诸多研究创新的专著中都有这样的描述，一个人年少时的成长历程与创新紧密相关，这是创新基因的培育与张扬的过程。

好奇：点燃创新的火花

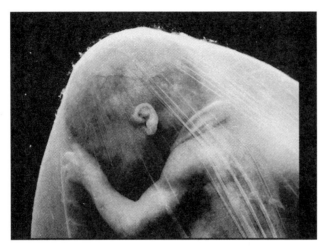

《生命诞生前的戏剧》

1965年，当它被送到美国的《生活》杂志时，编辑部的人都惊呆了：一个18周大小的胎儿，静静地卧在胎囊中。人类第一次以如此清晰生动的方式看到了出生之前的生命。

这组照片的摄影师伦纳特·尼尔森现今已年逾九旬，但只要一提到这组照片，他总是兴致勃勃。当初，为了实现这个惊人的想法，伦纳特一共花了12年。他用尽各种方法，在照相机上安装了微距镜头、内窥镜和扫描电镜，把焦距拉近近千倍，终于能够在子宫内拍摄到这样神奇的景象。

伦纳特的成功引来了人们无数次的询问：为什么他能够成功？他也无数次地给出了一个相同的答

好奇心促使人不断创新。

案，那就是强烈的好奇心。

他强烈的好奇心源自他的家庭教育。他的养女安妮·弗杰斯德姆说："伦纳特的父亲本来就是一个极富好奇心的人，他总是在制造各种东西。伦纳特就来自这样的家庭，父母很鼓励他的好奇心。"

伦纳特决定拍摄生命的诞生时，当时的摄影技术和器材根本无法实现他的想象。但是，好奇心让伦纳特的热情持久不息，也让他不断地尝试新的方法，并最终创造了奇迹。"在做人类生育的项目时，他不知该从何处着手，他都是通过自学，依靠的就是耐心和好奇心。"安妮·弗杰斯德姆又说。

伦纳特的照片在《生活》杂志刊登后，引起巨大轰动，几天之内，生命诞生的照片售出数百万份，整个世界都为之感叹。

或许是历史的巧合，伦纳特刊登照片的时代，也正是科学家们在生理学和心理学的共同发展下，把好奇心纳入科学研究的时期。

20 世纪最杰出的科学家之一爱因斯坦将自己所有的成就归功于自己的好奇心。我们很难想象，好奇心到底有怎样的力量，但是，如果没有好奇心，那会是怎样的一个爱因斯坦呢？我们还能否看到那样一个光彩熠熠的生命呢？爱因斯坦曾经说："我没有什么特殊的才能，只是保持了持续不断的好奇心。"

在大自然的生存法则下，好奇心是帮助人类繁衍进化的隐秘武器。人们发现新的事物、寻找新的

我没有什么特殊的才能，只是保持了持续不断的好奇心。

——爱因斯坦

居所、制造新的工具……人类每前行一步，都能找到好奇心的痕迹。观察、疑问、探索、求知，好奇心是生而为人的天性，是焕发生命的原始动力。

清华大学的学者彭凯平，致力于研究儿童的好奇心，从多种学科向我们揭示了好奇心的奥秘。

"人类的发展，其实是需要好奇心来帮助我们了解世界、了解自然、了解其他人，要不然我们没法成为人，所以好奇心是人性的本能，是我们人类发展的基本心理条件。

"我们人类已经对自己脑功能的机制有更多的了解。现在发现由好奇心产生的愉悦感和由其他的满足产生的愉悦感基本上是一样的，那么一定分泌出积极的神经化学激素，比如多巴胺、内啡肽……好奇是我们内在的一种奖励机制，这种机制可能会让我们人类变得特别地喜欢探索、喜欢好奇、喜欢学习。"

犹如一簇火花，好奇心点燃的瞬间，大脑中的细胞被激活，创造记忆的海马体，提供满足感和愉悦感的脑组织，在一刹那，共同启动。尽管好奇心产生的生理和心理机制还有太多未知的秘密，但是好奇心在大脑里引发的变化，都为一个人的未来平添了无限的可能和色彩。

社会发展驱动下的教育改革

好奇心是天性，它可以驱使人去发现、去探索。然而，学校教育、家庭教育、社会教育都在影响着好奇心的命运。

今天，送孩子上学，接受教育，是为人父母的责任，同样是国家的责任。然而历史上，这样的观念并不是理所当然的。即使在最早创建中学的英国，国家及社会应该如何给儿童和青少年提供合适的教育，也经过了几个世纪的变迁。

赛博格寄宿学校是英国最早的中学之一。它是从人们决定将孩子送到学校，而不再是请每一位老师到家里来的时候建立的。校长安德鲁·弗莱克曾在接受记者采访时说："这所寄宿学校充满了浓郁的英国味道，时光仿佛并未远离，而是悄悄沉淀在校园之中。在这所中学建立的年代，聘请家庭教师，

赛博格寄宿学校

是贵族和上层社会出身的孩子才享有的待遇。穷人家的孩子，偶尔可以在教会的唱诗班和经书中学到一些文字。寄宿制的中学，尽管在当时的英国数量不多，却为更多的孩子展示了一种求学的新途径。"

这所学校从建立迄今已有五百多年的历史，它保留着古老的英式教学传统：学生们整整一个学期都住在一起，严格遵守学校的起居时间。

在这样的英国中学中，每个班级大概有十几个学生，开设的课程五花八门，除了人文和科学的课程外，还要提高动手能力。比如，学校里有木工车间，学生们可以在里边做木工，还可以做首饰。丰富的课程，为学生们敞开一扇求知的大门，让他们重新认识这个多彩的世界。安德鲁·弗莱克曾说："我们的任务之一是建立学生的信心。如果他们有了信心，他们就可以去冒险。有时候他们会失败，但重要的是，他们能够再次站起来，热情没有丝毫减少，并再次尝试。"

17世纪英国著名的哲学家和教育家约翰·洛克提出，孩子的心灵是一块白板。他相信是教育塑造了人。人的善恶、有用与否，都出自他们所受的教育。

那时的英国，正在进行一场脱离王权、寻求自主的社会转型，洛克的教育观恰好激励了日益壮大的市民阶层：在心灵层面，人人平等，是教育而不是出身，决定了一个人的品性以及是不是一位真正

我敢说日常所见的人中，十之八九都是由他们的教育所决定。
——洛克
（英国著名的哲学家和教育家）

060

的"绅士"。

不过，把孩子送到学校还是留在家里，仍然是每个家庭自己的选择。

当英国展开对教育的思考时，欧洲大陆呈现着另一番景象。在政权分散的德意志，大小邦国各自林立。为了在邻邦的竞争和威胁下得以生存，其中的普鲁士王国，在18世纪开始推行强制义务教育，把人才的培养和国家的发展结合起来。强制义务教育就是由政府出资，承担学校教育的职责，同时强制要求父母必须将适龄儿童送入学校，接受培训和教育。

德国柏林的沙多文理中学，成立于一百多年前。校长施耐德·海因兹在谈及这所学校的历史时说："100年或200年前，不是每个孩子都必须上学，也不是每个孩子都有资格上学。只有富裕的家庭或贵族家庭才能送他们的孩子去学校。其他家庭则不是必须的，或者根本不被允许送孩子上学。义务教

沙多文理中学

育不仅仅意味着孩子有义务上学，还意味着，国家也有义务兴建学校，保障孩子上学的权利。因此可以说，这是一项社会成就。"

沙多文理中学亲历了德国的统一，见证了一个国家的崛起。

从 18 世纪普鲁士成立王国到 19 世纪完成德国统一，前后共 170 年，其间征战无数，而教育一刻未停。1871 年，德国建立，成为世界第一个实现义务教育的国家，这也为后来德国成为工业强国，持续的创新提供了力量。当时德国初等教育入学率达到 100%，而在 140 多年后的今天，还有很多国家无法做到这一点。

同一时期，在工业化浪潮的冲击下，英国、美国等许多国家也纷纷接纳义务教育的理念，制定了本国的教育制度。这是因为如果不这样，国家的未来将不堪设想。

据统计，18 世纪末，英国大约有 142 家纱厂，男工约有 26000 人，童工却有 25000 人。童工得不到受教育的机会，还面临着恶劣的工作环境，甚至很难活到成年。

麦肯锡前合伙人海瑞葛爵士在采访中向我们讲述了那一时期英国童工的生存状况："那时的英格兰市场主要依赖工业革命的发展成果，然而也带来了巨大的社会不公。最大的影响在英格兰北部，不

（普鲁士）这个国家必须以精神的力量来弥补躯体的损失。正是由于穷困，所以要办教育。

——威廉三世
（普鲁士国王）

到 10 岁的孩子却一周 7 天都要工作，有时甚至一大工作 17—20 小时。你们可以去那儿，去山顶，俯瞰石墙，可以看到一英寸的黑色沥青，你们就可以想象当时是怎样的生活了。环境污染、食物短缺、不公待遇和其他的原因使孩子们几乎活不下去。"

19 世纪英国著名历史学家托马斯·麦考莱曾经说过："这种状况，必将损害那些使国家伟大的崇高品质。过度劳累的孩子们，将长成体弱无知的人，并且这些人将来孕育的孩子也会体弱无知。"

同样在那个时期，一个伟大的思想家，目睹了这样的景象，开始批判、质疑这样的社会。从此，他开始勾画未来的社会图景。这个人就是卡尔·马克思。

伴随工业革命的进程，英国的基础教育体系，无力解决新的社会问题，更无法为工业繁荣提供广泛的教育基础。1870 年，英国第一次以法律形式颁布《初等教育法》，国家开始普及推广基础教育。

19 世纪 20 年代，美国的部分州开始制定教育法规，明确了教育承担着建立社会公共道德、消除不平等的社会职能。

19 世纪中后期，美国繁荣之下积蓄着不安和动荡。呼唤义务教育的声音，最终在各州陆续变为了成文的法律。

> 不列颠工业像吸血鬼一样，只有靠吮吸人血——并且是吮吸儿童的血——才能生存。
>
> ——马克思

19世纪70年代，虽然原因各有差异，但结果是，走入现代社会的各个国家都在此期间确立了本国的义务基础教育。

不同的国家面对基础教育采取了不一样的接纳方式。有的国家为了由弱变强，有的国家为了适应社会的发展，不过在东方，选择现代教育，蕴含着更深层的意义。

像日本很多幼儿园一样，江户川清新幼儿园的孩子们每天穿着礼服来到幼儿园，到了幼儿园，三四岁的孩子们会自己将礼服脱下，换上专门用于游戏玩耍的衣服。中午的时候，他们自己刷牙，自己分牛奶。这些看起来有些苛刻的要求，却在各个细节中包含了教育的内容，让孩子练习独立生活的能力。

现代日本的教育和一百多年前相比，已经截然不同。

日本的文化曾经是典型的东方文化，江户时代，日本有叫作"寺子屋"的针对平民教育的机构。在寺子屋主要是有关中国传统儒家哲学的教育。然而这一文化却在西方文明的冲击下发生了改变。

壹万圆是日本面额最大的纸币，上面印制的头像是一位改变了日本教育的人——福泽谕吉。福泽谕吉认为，一个民族的崛起需要三个方面的改变：一是意识观念，二是社会制度，三是器物层面，这三者一个不能少，顺序也不能改变。而现代教育，

壹万圆（日元）

则是意识观念改变最重要的途径，也是日本现代化成功的最好保证。

在 1868 年 4 月 6 日的紫宸殿中，发生了日本历史上一个重大的事件，明治天皇颁布了《五条御誓文》，宣称要进行前所未有之变革，这就是被后世史学家称为明治维新运动的开端。

《五条御誓文》最后一条为"求知识于世界"。如何求知识于世界？日本选择的方式是全面地引进发达国家的教育模式。这是日本与世界全方位接轨的开始，也是明治维新给今天日本留下来的最宝贵的财富之一。

第二年，仅在京都就建起了 64 所现代小学，为古老的旧城加入了新时代的气息。

这里展示的是风琴和钢琴，学校制度刚刚建立后不久，小学开设了音乐课程，这就是那时用的乐器，这个风琴是日本雅马哈产的，钢琴是国外进口

风琴和钢琴

的，是德国施坦威牌的。

（高石学　学校历史博物馆事业课业务部长）

1872 年，明治政府颁布了《学制令》，诞生了日本义务教育的雏形。为了自强而放弃，为了成长而改变，现代基础教育从此在亚洲推行起来。

百年教育，百年树人。从 1868 年明治维新开始，到 1968 年日本超越德国成为世界第二大经济体，这也恰好用了 100 年，而塑造这个经济体的背后力量之一就是教育。

今天，世界上绝大多数的国家和地区都实现了免费义务教育，平均时间为 9 年。人们通过教育收获过丰硕果实，对教育的功能赋予过种种厚望。然而，无论多么伟大的政策，都无法覆盖未来社会运行的细节。教育可谓是现代社会文明的标志。但是，当教育进一步发现人的内心，当世界对创新产生了要求与期待，人们对教育的思考迎来新一轮的挑战。

培育还是束缚：教育改革解放创新力

诞生于工业革命年代的教育模式，面临大规模的工厂化、标准化、流水线的出现，也使得对人才需求的走向趋同。这也促使教育对人才的培养开始走向标准化。当知识经济到来，当多元文化到来，强调标准化的应试教育成为创新的瓶颈，而最先遇到这个问题的，恰好是基础教育发达的国家。

日本在明治维新之后，向西方学习，在模仿中前行。但当社会发展到追求更高级别的经济形态时，则需要全新的模式，这意味着人才培养的模式需要从根本上改变。

正如日本中央大学大学院战略经营研究科客座教授小林三郎所言："只是死记硬背，然后模仿，做一模一样的事情。这样的教育方式是从明治时代开始的。最开始还算可以，日本发展到……大概是世界中等水平时，效果还算可以。但到后面接近世界一流国家的时候，这时就应该改变教育方针……（中国）现在GDP位居全世界第二，已经超过日本了。所以现在必须改变，只是死记硬背，那肯定不行。"

关于现代社会的教育创新，马克·扎克伯格也说："回顾过去几百年教育是如何运作的，大部分

我们今天的学校，它实际上还是产生于工业化时代，这种运作的形势，大班级的授课制，它实际上对于很多的孩子是一种趋同的教育，尤其是在我们这样的教育制度下，我们要强化这种趋同式的、重复性的训练，那么对于发展孩子多样性的性格和思维方式是不利的。

——刘长铭
（北京四中校长）

都是孩子坐在教室里，由老师来讲课，他们都试图在同样的时间里，学习同样的内容。不会因为他们学习的速度和方式，或者他们的兴趣所在而进行调整。我认为这样的方式，在未来不再可行。"

在北欧的丹麦，流传着这样一个故事：物理老师出了一道题，如何利用气压计测量一座大楼的高度。老师希望学生们用物理学中关于气压差的知识来解答，但没想到，其中一位学生没有这样做。他认为思维不应该被局限，还可以测算气压计从楼顶落到地面的时间，利用自由落体公式计算楼的高度；或者测量大楼和气压计的影子，根据比例计算；再或者用绳子拴住气压计，在楼顶做单摆运动也可以，而这位学生自己最喜欢的方式则是，把气压计作为礼物送给看楼的人，来获取答案。最终，老师还是给了他满分。这位学生名叫尼尔斯·玻尔，1922年获得诺贝尔物理学奖，成为与爱因斯坦齐名的物理学家。

玻尔有幸遇到了能够接受他开放思维的老师，而位于亚洲的韩国，也意识到了应试教育的局限性，设立英才高中，这是韩国摆脱应试教育体制的尝试之一。

仁川才能大学教授河宗德说："英才教育不是为了马上升学，而是自由地发掘孩子的潜力和创造性的解决问题能力，深化能够培养孩子能力的课程。"

打破思维定势，鼓励开放思维。

大多数应试教育都离不开标准答案，但现实生活中，解决一个问题的方法可以多种多样。形成思维定式有助于快速准确地完成测试，却往往容易固化我们的逻辑，不拘一格的人才看得到更多可能，独树一帜才有机会破旧立新。世界是未知的、多元的、变化的。教育成就了人，给人以知识和力量。但教育的模式一旦固定之后也固化了人、束缚了人。

破旧才能立新，只有打破固定模式，才能有所创新。

要创新的话，我们就一定要有一种发散性思维，一定要有一种批判性的思维，因为任何事情如果你认为是天经地义，你认为是不可逆转，你认为是不可改变，那么你就不会去改变它、创造它、升华它。

（彭凯平　清华大学心理学系主任）

如何与众不同，如何不拘一格，如何具有批判性和发散性的思维，又如何去创新，社会发展驱动了基础教育的几次变革，对教育的疑问、质疑与批判在每一个国家、每一个时代几乎都会遇到。如今面对创新的诉求，基础教育应该如何做，才能发现和激发孩子内在的潜力呢？

斯蒂夫·沃兹尼亚克是一位电脑工程师奇才，苹果公司早期的联合创始人。1976年，他与乔布斯一起创办了苹果公司。然而他也曾因为孩子的问题感到过困扰。

老师告诉沃兹尼亚克，他的孩子厌学了，可能很难继续完成学业。老师说："我们也许会把他从高级班里踢出去，你知道，如果他非常认真地做功课，我们也许会给他一个 D。"这位参与创办了苹果公司的工程师，曾经做过很多超出想象、充满创造力的事情，这一次，却在儿子面前变得束手无策。

于是，沃兹尼亚克将更多的精力放在了儿子身上，他决心一定要帮助孩子走出厌学的阴影。他主动配合孩子的节奏，想方设法鼓励孩子的好奇，培养孩子的兴趣，以一个朋友而非家长的身份，陪伴孩子一起学习。那是一段漫长而又刻骨铭心的经历。

"我们来做一个游戏，万智牌，这是一个非常有想象力的游戏，他非常喜欢这个游戏，那是一个不同的世界。因为可以自己定义这个游戏。我们玩一会儿万智牌，然后完成章节剩下的部分，最后完成结尾处的习题。然后有一个编程题目，他写出了每一个程序，他解答了每一个问题，我们就这样完成了整本书，上课的时候没有要求做所有的题目，我们就这样完成了整本书。然后他开始在考试中拿到了 A+ 的成绩，拿到了班上的最高分。"

儿子的进步，让沃兹尼亚克感动万分，那是一个生命重新被激发的希望。

"噢，我都哭了，他在初中毕业的时候拿到了最好的成绩，他在高中毕业的时候也拿到了最好的

成绩，那是他的生命中很重要的部分。可是他差点被人说，你将会失败，确实是只差一点了。所以我非常开心，和他一起玩游戏，一起做功课，然后玩游戏，再做功课，我感到非常骄傲。"

有了这段经历，沃兹尼亚克认识到每个孩子都可能具有的无限潜力，于是转型投入教育领域，并且创办了属于孩子们的"探索博物馆"。在这里，他不排斥任何孩子，他要给那些跟他孩子有同样经历的孩子以希望。

吴敬琏说："教育最重要的，就是要培育孩子们的好奇心和求知欲。问题是怎么让孩子们发扬起来，而且给他们更多的机会，使他们的好奇心变成一种求知欲，有了求知欲他就可以掌握一个取得知识的办法，然后就能自得其乐。"

如何更好地传递知识？如何更有效地培养好奇心？如何让创新成为自觉的能力？

每个犹太孩子，在上学的第一天，都会得到一块干净的刻着经文的石板，石板上是甜甜的蜂蜜。孩子们一边朗读，一边把蜂蜜舔掉。这一切只为了告诉孩子们：知识是甜蜜的。甘之如饴的书本和对知识的好奇，就这样永久地留在了他们心里。但这并不是犹太民族上千年生存史中唯一的秘密。

在犹太人纪念馆中，有这样一幅画：一位母亲

我想要我的孩子变得有创造力，远远超过智力，超过在学校学的知识。创造力的思维是不同的。
——斯蒂夫·沃兹尼亚克
（苹果公司联合创始人）

在一块石板上涂抹蜂蜜，旁边是即将上学的孩子。

以色列的家庭教育中，有一些普遍的做法。家长经常问孩子的一句话是：今天你提问了吗？因为辩论与质疑是他们的必修课。家长在家庭中鼓励孩子与他们有不同的见解，鼓励因此而引发的辩论。

在以色列的学校教育中，极其强调学生的思辨能力。如何辨识不同的观点，学生们需要认真阅读和思考。老师考察的重点不在于学生是不是记住了结论，而是强调结论的得出依靠了什么样的逻辑。思辨，是学习中重要的一部分。

《塔木德》

有着一千多年历史的《塔木德》，是犹太人行为规范的准则，在犹太民族颠沛流离的历史中从未被放弃。一本书成为了一个民族的象征。而《塔木德》的独特之处，除了记载的内容，还在于对经文的记载方式。人们把经文刻在木板中间，周围是不同时代人对每一段经文的不同解读，让不同的观点同时呈现在每一位阅读者面前。

以色列特拉维夫大学教授罗恩·马贡琳在接受采访时说："如果我们要讲犹太人过去的文化内涵，我们需要回到塔木德的辩论文化当中，不同的哲人和学生可以对于同样的问题有不同的解释和结论，但没有任何人说哪一方是对的，哪一方是错的。这也解释了为什么这么多的犹太人进入了很多的领域，包括科学、艺术、人文等，能够获得巨大的成功。"

长期漂泊异乡的犹太民族，没有任何资源的优势，反而对人自身的重要性有着更加深刻的认识。他们认为一个智慧的人首先是一个有自己独立思考的人，一个能够发问的人。这样的理念在一代代人的生活中，凝聚成犹太民族核心的文化传统。

其实这样的文化存在于很多创造了辉煌的文明当中，因为质疑、发问、独立思考、发散性思维，都是在为好奇心插上翅膀，让好奇从天然的憧憬走向理性的探索，从原始的冲动走向科学的思考。好奇心的升华需要知识的传承，更需要能够释放和呵护人们天性的教育理念。

科学的好奇，它是人类的原始好奇心的一种升华和创造，从某种程度上来讲我们人类的好奇心没有消退，只是升华了，只是变化了，是以另外一种方式出现的……人类的新的好奇心的升华，一定需要环境的作用，一定需要教育的作用，一定需要知识的帮助。

（彭凯平　清华大学心理学系主任）

科学没有固定给我们一个答案，是我们的好奇心促使我们不断地探索，这个探索过程中我们要有理性，然后要有想法，要有证据，要有讨论，要有辩论，要推翻以前当时认为、形成的信念，后来发现是有问题的，不断改进。

（饶毅　北京大学理学部主任）

包括法律、资本、文化在内的，众多影响创新的因素中，好奇心是人类内生的，是与生俱来的。因为好奇，我们不断质疑；因为好奇，我们不断探索；因为好奇，我们不断前行。一项项科学发现，一项项发明创新，就在人们满足好奇的过程中不断诞生。当牛顿好奇苹果为何下落，当哥白尼好奇为何星星如此运转，当爱因斯坦好奇引力波是否存在，世界的未来也因此更加令我们向往。

米歇尔·马尔克斯今年15岁，出生在康涅狄格州，但已经在弗吉尼亚州生活了10年，目前在凯瑟克市的数学科学高中上学。米歇尔作为一名高中生，她已经在很多科学竞赛中获得了很好的奖项，为此在 TED 发表过演讲，也接受过 CNN 的采访，眼下她最感兴趣的是如何用科学研究人类对艺术的不同感受。她是如何走到今天的呢？

她自己说："高中其实是一个沉迷于人文科学尤其是心理学魅力的时期，这可能也是我对于很多事物都感到好奇的原因吧。虽然自然科学如生物学、医学也都非常令人着迷，但是我总是觉得人类自身以及人类的思维方式是如此的与众不同，我就是想要深入地探究这些东西。"

米歇尔的父母都是科学家，他们对探索和好奇的理解，是促使他们走到今天的重要因素，同时让他们深刻地明白对孩子天性的束缚将会带来什么样的后果。

米歇尔的父亲说："孩子就是水，可能会因为容器改变形状。如果你逼他们改变他们的习惯，或者把规则定得特别严格，你就破坏了这个容器，水就会洒出来，造成麻烦。"

呵护和引导好好奇心，能让孩子在创新的道路上走得更远。

探求未知，满足好奇，在不同的环境中成长，每个孩子阅读世界的方式和角度各有不同。只有释放和引导，而不是限制孩子的天性，才能保持他们继续好奇、继续提问、继续想象的意愿。米歇尔就在这样的家庭环境中成长，在好奇心的引导下寻找到自己前行的方向。

那是在我对科学最感兴趣的年纪，对我来说是核物理学，我觉得原子模型是一个很美的概念，而且我非常好奇人们是如何了解一个原子的内部的，那对我来说很神秘也很奇怪。

（弗兰克·科尔多瓦　美国国家科学基金会主任）

每个孩子都是天生的科学家，我自己小时候也总是喜欢科学。我对周围的世界很感兴趣，我想知道每件事物是怎么运作的。

（玛丽艾特·迪克里斯蒂娜　《科学美国人》总编辑）

在启蒙教育的时候，最好是用好奇心驱动，就是一旦来自好奇心驱动的求知，往往能够变成整个一生求知的欲望。

（张首晟　美国斯坦福大学教授、富兰克林物理奖获得者）

当我们再次端详生命的最初状态，能够对它的未来作出怎样的想象呢？每一个生命都是如此不同，每一个生命都包含着无数种可能，这或许才是生命的完美。好奇心是生命的一部分，但它需要发现，需要激活，更需要呵护。因为有了好奇心就有了创新的可能，生命的色彩也许就不一样。

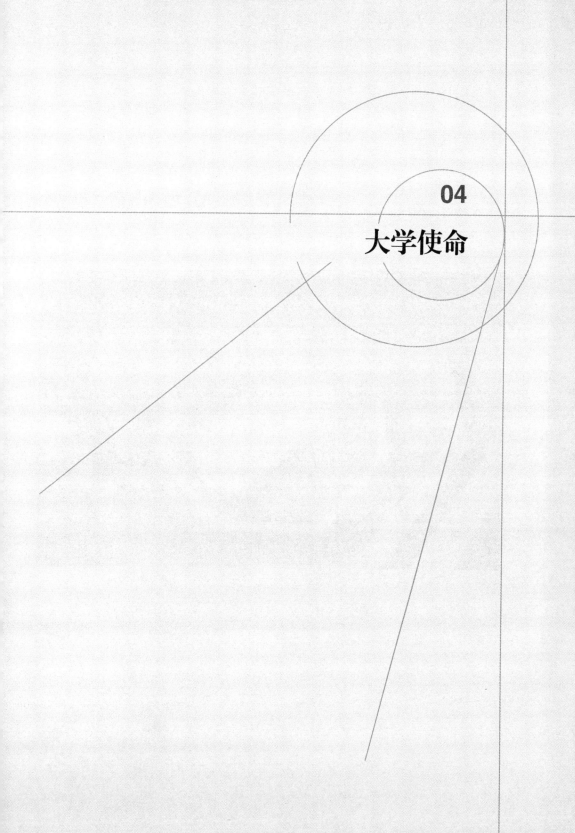

04

大学使命

17 世纪的一天，在瑞典最古老的大学乌普萨拉大学的剧院，乌普萨拉大学的学生秘密聚集在这里。那一天，这里不上演戏剧和演讲，这里将迎来这个国家历史上的第一次公开人体解剖实验。

卡尔·弗郎斯迈尔（乌普萨拉大学科学思想史教授）形容当时的场景说："教授拿着剪刀站在这里，剖开人体，向人们展示人体的内部构造。通过慢慢拉起人的肠子直到屋顶，抽出人的器官后举起向所有站在阶梯上的学生们展示，他们可能是第一次看到人的心脏、胃、肺和其他器官。"

这一步，是极为艰辛和冒险的。剧院里的每个人，特别是进行解剖实验的教授老奥洛夫·鲁德贝克，他们挑战了整个社会。在 17 世纪，人体被认为是灵魂寄居之处，要保持其完整性，解剖行为被教会和法律明令禁止。当时的人体研究工作只能秘密进行。

现代医学就是在这样的房间里渐渐走出蒙昧。

正是在大学，闪耀的灵感和大胆的探索找到了栖息之地，创新得以滋生和成长。

放眼今天的世界，几乎各个国家都有自己的大学，大学成为现代社会不可或缺的一个组织机构。那么，大学从何而来，又是如何影响了今天的世界呢？

现代大学的诞生——意大利博洛尼亚大学

博洛尼亚大学

意大利，作为天主教的重要教区，至今保留着传统的宗教仪式，庄严神圣的赞美曲在这里回响了一个又一个世纪。

博洛尼亚，意大利东北部的一座古城。1088年，几个年轻人为了研究古罗马法典，满足求学之心，他们请来老师传授知识、答疑解惑，形成了一个专门学习讨论的地方。如今，这里叫作博洛尼亚大学，被公认为是欧洲最古老的大学。

这所大学不是市政府、不是国王建立的，也不是教会建立的，而是学生建立起来的。博洛尼亚大学起初的校长是学生，现在的学生可以评估教授的教学，而当时的评估更为严格，因为是学生出钱聘请的老师，如果老师不好，就不能继续任教，他们决定老师的去留。

（伊万诺·迪奥尼吉　博洛尼亚大学校长）

....

由学生办学校，是博洛尼亚大学的起源。然而，对现代大学更重要的贡献却来自一位好战的君主。

1158 年，雄霸欧洲的神圣罗马帝国皇帝，腓特烈一世入侵意大利，北部城邦全部陷落，博洛尼亚也在其中。这位在历史上六次入侵意大利、一向暴戾的"红胡子"皇帝，却对知识的价值非常尊重，在听取了博洛尼亚大学四位学生的建议后，他对那些为了追求知识而被迫远离家乡的人表示钦佩，并愿意为他们提供保护。

为此，他颁布了一项学术特权法令。

吴军老师向我们讲述了这项法令："你可以做一些自由的学术研究，不要因为你的观点怎么样，然后你就受到当地的行政长官的迫害，如果和当地人发生了冲突，这些人可以不由当地行政长官来裁判，由教会来裁判。另外，大学的教授享受僧侣的一些特权，因为在欧洲当时僧侣是第一阶层，贵族才是第二阶层，一般商人、平民是第三阶层。"

这份特权使大学的学生和学者拥有了崇高和自由的地位，大学不受任何权力影响，作为独立研究场所享有自治的权利。"学术特权"在冥冥之中成就了大学独立治学的渊源。

随后三百多年里，博洛尼亚大学的声誉传遍欧

大学不受任何权力影响，作为独立研究场所享有自治的权利。

081

洲。这里成为最著名的罗马法学术圣地，还增设了神学、医学、哲学、天文、算术等学科。

诗人但丁、"文艺复兴之父"彼特拉克、哲学家伊拉斯谟和天文学家哥白尼都曾在博洛尼亚大学学习或执教。

....

从诞生之初，博洛尼亚大学就是一所世俗大学，独立于宗教势力的存在，因为这是一所教授世俗知识的大学。所以，它教授的不是宗教知识，而是一个开放的世俗知识的奠基者。

〔伊万诺·迪奥尼吉　博洛尼亚大学校长〕

....

博洛尼亚大学的繁盛，来自独立的精神。大学的出现开辟出一片新的疆域，学术和思想的自由成为大学的基因。

大学的出现开辟出一片新的疆域，学术和思想的自由成为大学的基因。

英国剑桥大学

继意大利之后，大学在欧洲大陆风靡而起。12世纪中期，巴黎大学建立，奠定了现代大学的管理基础。1167年，英法两国关系恶化，在巴黎大学读书的英国学生们回到家乡，他们来到牛津城的一个小学院，牛津大学逐渐发展壮大。1209年，知识的种子，又播散在距牛津大学不远的剑桥大学，静静地等待发芽。

在剑桥大学有一座以科学家艾萨克·牛顿命名的桥，剑桥大学商学院艾伦·巴瑞尔教授介绍这座横跨在康河上的桥叫牛顿桥，也叫数学桥，全部是由木头制造的。这座桥其实并非牛顿本人建造，之所以用牛顿来命名，也许是为纪念这位科学家对现代科学，特别是物理学和数学的贡献。

在剑桥大学三一学院，靠为学院做杂务支付学费的牛顿，遇到了一位对他影响深远的老师。

17世纪中期，20岁的牛顿遇到了博学的伊萨克·巴罗教授。巴罗所教授的课程激发了牛顿对数学和自然科学的强烈兴趣，而教授也对牛顿极为赏识，他将自己的数学知识全部传授给牛顿。年轻的牛顿就这样踏进了自然科学的研究领域，迎来了他科学生涯的黄金岁月。

三一学院教堂的牛顿雕像

在剑桥大学三一学院的教堂里，牛顿的雕像矗立在最显著的位置，他的一生有近30年的时间，是在三一学院进行科学研究。在这里，教授巴罗不仅对牛顿倾囊相授，还在发现牛顿的数学才华已经超越自己之后，辞去教授之职，让牛顿晋升为数学教授。这一年，牛顿26岁，他成为剑桥大学有史以来最年轻的教授。

巴罗让贤，也成为科学史上的佳话。巴罗为牛顿的学术生涯打通了道路，让牛顿这匹千里马可以驰骋在科学的大道上。

他（牛顿）奠定了微积分、数学的基础，同时他还发现白光由很多不同颜色的光组成。17世纪80年代末，他发表了他的著作《物体在轨道中之运动》，这部作品大概描述了地球引力的理论，当时他还处于不惑之年。可以说他是目前为止全世界最伟大的科学家。

〔罗伯特·艾利夫　英国历史学家〕

百年后，人们在牛顿曾居住的宿舍前栽种了一棵苹果树，以纪念他在苹果树下探索出万有引力定律的故事。牛顿的苹果成为了科学史上最重要的苹果，它象征着开启现代科学的神来之笔。

而大学，通过源源不断的人才培养，让现代科学这棵大树，越来越枝繁叶茂，惠及整个人类社会。

每个学数学的人都会被牛顿启发激励。我们目

前对世界的理解，我们能飞向太空的技术都起源于
这个男人。

（伊万·马佐尔　剑桥大学毕业生、连续创业者）

在年轻创业者伊万的办公室里，挂着牛顿的
画像，这个在三百年多年前为人类打开科学之门的
人，今天依然给予人们创新的动力。伊万毕业于剑
桥大学数学系，毕业后他已经创办了好几家公司，
是一名连续创业者。

我认为对我来说，在那么久的时间里那么专心
地学习、被真正适应数学同时也是真正的数学天才
的人围绕着，是一个宝贵的经历。这段经历促使我
更好、更强、更努力。我很感激这份经历。

（伊万·马佐尔　剑桥大学毕业生、连续创业者）

伊万的剑桥毕业典礼照

这是剑桥毕业典礼上，我和父亲的合照。我很兴奋，我觉得我父亲比我更兴奋。

（伊万·马佐尔　剑桥大学毕业生、连续创业者）

八百年前，剑桥大学制定了这样的校训："此地乃启蒙之所，智识之源。"八百余年的积淀，让这里诞生了世界上最多的诺贝尔奖获得者，被称为诺贝尔奖的摇篮。而今天，剑桥向世界输送的人才，也越来越多样化。但培养和塑造有探索精神，有独立思想，有社会担当的人，依然是剑桥大学最为珍视的理念。

此地乃启蒙之所，智识之源。

——剑桥大学校训

许多人会谈论科技，说科技如何改变世界，我们需要科技，我们拥有很好的科技。但是最重要的要素还是人。没有人，技术什么都不是。人们，以及他们利用科技达到好的目的的能力，互相作用，共享信息和知识。

（艾伦·巴瑞尔　剑桥大学商学院教授）

以培养人才为使命的大学，对一个国家来说到底有多重要？值得所有人深思。

德国洪堡大学

德国柏林菩提树下大街 6 号，坐落着德国著名的洪堡大学。门前的院子里，有两座雕像，是大学的创始人——洪堡兄弟。

洪堡大学前雕像

洪堡大学于 1810 年在柏林成立，那是普鲁士时代比较艰难的一年，那时德国还没建立，当时的普鲁士王国实际上是在拿破仑的统治之下，但那是个社会改革的好时期，国王相对弱势，改革者们很强势。普鲁士文化司司长威廉·冯·洪堡就是这些改革者之一。

当时欧洲正值工业革命，英国的崛起，强烈冲击着尚在分裂之中的德意志。如何变得强大起来，摆脱生存的危机，促使普鲁士人看到了科学和工业的力量。

但是，威廉·洪堡认为，由于工业发展，大学萌生了功利主义，如果不进行全新的改革，就不能有承担社会变革的创新人才。

如果不对功利主义的大学进行全新的改革，它就不能涌现能承担社会变革的创新人才。

他们本质上对研究并没有兴趣，只在乎对他们职业生涯有益的研究结果，洪堡认为，只为眼前利益而学习的人，没办法在日后的工作中以开放的心态应对创新，因为他们对世界日新月异的改变漠不关心，也不想参与其中。

（亨德利克·奥尔伯兹　德国洪堡大学校长）

威廉·洪堡极力强调了大学是科学研究的中心，应该将科学视为永远无法穷尽的事物，不停探索下去。科学活动有它独立的价值，当科学似乎多少忘记了生活时，才会为生活带来至善的福祉。

大学是科学研究的中心，应该将科学视为永远无法穷尽的事物，不停探索下去。

他（洪堡）不仅仅想要传播专业知识，而且要超越于此，更好地理解世界，理解人们的需求和人类发展的轨迹。

（罗兰·贝格　罗兰贝格战略咨询荣誉主席）

基于这样的理念，洪堡大学成为了世界上第一所研究型大学。这里的教授们从事各种研究，同时将研究成果和研究方法传授给学生，让学生不仅学习知识，还要掌握获得知识的方法，养成科学探索的习惯。

又做教学又做研究，是洪堡提出来的非常精深的概念，首先你在做教育的时候，一个老师如果只是老师的话，他是可以把书本上的知识教好，但是我们今天的题目是创新，创新是说这个知识是怎么会被发现，那如果不在第一线做过研究的话他就讲不出这个故事，讲不出这个体验，为什么，这个知识本身是怎么创造的？这也是我们今天教育的一个最大的问题，就是我们教育只是教知识的本身，而没有教创造知识的过程。

〔张首晟　美国斯坦福大学教授、富兰克林物理奖获得者〕

创办大学时，洪堡兄弟抱定这样的信念：大学倘若实现其目标，同时也就实现了，而且是在更高层次上实现了国家的目标，由此而来的收效和影响，将远非国家之力所及。

洪堡大学建成的一百年里，德意志不仅完成了统一，并且由一个农业国变为强大的工业国。1901年第一届诺贝尔奖的五个奖项中，有三个科学奖项被德国人摘取。一直到第二次世界大战之前，洪堡大学都是世界学术的中心。即使今天，德国依然拥有无可争议的科技创新力。

爱因斯坦是出生在德国的科学家，曾经在洪堡大学执教，1933 年，前往美国定居。临终时，他把全部的手稿、书信和藏书都捐赠给了以色列的希伯来大学。

阿尔伯特·爱因斯坦的广义相对论论文，是20世纪一份珍贵的科学手稿。

es materiellen Punktes von relativ unendlich kleine

ält man gegenüber den Kepler-Newton'schen Gesetzen

wegung eine Abweichung von folgender Art. Die Ba

nten erfährt in Richtung der Bahnbewegung

hung, vom Betrage

$$\varepsilon = 24\pi^3 \frac{a^2}{T^2 c^2 (1-e^2)} \quad \ldots\ldots (25)$$

Umlauf. In dieser Formel bedeutet a die grosse Hal

Lichtgeschwindigkeit in üblichen Masse, c das

e Umlaufszeit in Sekunden.

Die Rechnung ergibt für den Planeten Merku

Bahn 43" pro Jahrhundert, genau entspre diese fanden

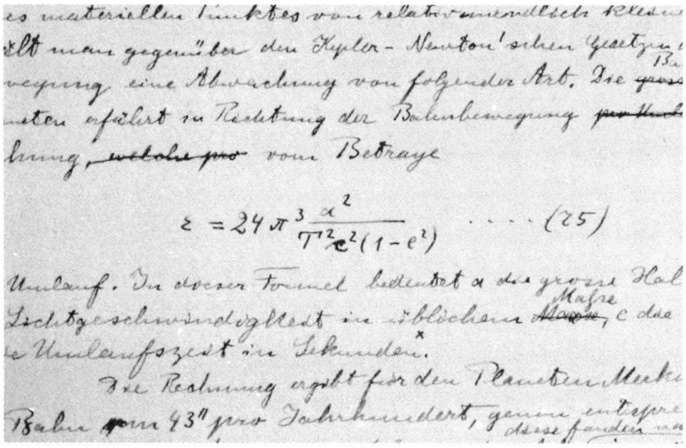

从上面这张图中，我们可以看到修正的痕迹很少，字迹非常工整。从科学的角度来说，每个方程式都有编号。

（罗尼·克鲁兹　阿尔伯特·爱因斯坦档案馆馆长）

他（爱因斯坦）如同这所学校的父亲。他曾说过，如果你作出自己的贡献，为了中东的未来，为了以色列，来资助希伯来大学吧，这就是秘诀。

（梅纳赫姆·本·沙逊　以色列希伯来大学校长）

以色列希伯来大学

希伯来大学位于世界上最古老的城市之一——耶路撒冷。它建在这座城市东北部的最高处——斯科普斯山上，这里可以俯瞰整个耶路撒冷城，两千年前，罗马人正是从这里入侵，整个犹太民族的大流散就从这里开端。他们从一个地方漂泊到另一个地方，直到 20 世纪初，犹太人决心要建立一所属于自己的大学。

希伯来大学的成立

这幅画记录了希伯来大学建立的日子，1925 年 4 月 1 日，这对犹太人的生活来说，也是非常重要的一件事情，因为这是第一所犹太人的大学。

（以太·舒切尔　希伯来大学历史专家）

希伯来大学建立的那天，上千人参加了落成

庆典。世界各国最知名的一批犹太人组成了希伯来大学第一届董事会，他们有德国的物理学家爱因斯坦，奥地利的心理学家弗洛伊德、哲学家巴博，英国的化学家魏茨曼等。

希伯来大学历经了七年的筹备，与其说这是一所大学，莫若说这是犹太人在长达千年的离散后，对光复民族精神的感召和寄托，是呼唤独立的告白。

如果德国、英国、美国都可以做到，我们也可以。如果我们还要建立自己的国家，我们要用惯常的方式，通常它的建立是基于我们自己的大学之上，这其实是对独立的一种渴望。

（梅纳赫姆·本·沙逊　以色列希伯来大学校长）

23 年后，以色列宣告国家独立，希伯来大学为这个国家贡献着众多创新人才和创新成果，这恐怕是大学带给一个古老民族最深厚的礼物。

美国的大学

从中世纪走来，大学创建的理念、制度和模式发生着一次次的变革。历史的演进，让大学由边缘的"象牙塔"走入了国家社会的中心。到 19 世纪中后期，英国、法国、德国、意大利、荷兰、瑞典等欧洲国家，已经有比较成熟的大学体系；东方的日

希伯来大学为以色列这个创新强国贡献了众多的创新人才和创新成果。

本，则最先在亚洲创建了高等教育，先后成立庆应大学、东京大学；中日甲午战争以后，为了救国图强，中国也终于决心筹建自己的大学。

但大学变革之路并未停止，大西洋西岸，一个新兴大国将把大学的影响力推向新的巅峰。

在美国，私立大学是主要的教育力量，数量上大大超过公立大学，在这一点上，美国不同于欧洲。此外，政府可以对大学进行资助，但绝不可以干涉大学。这一原则深入人心，它的确立来自一场美国的司法大案。

1815 年，律师丹尼尔·韦伯斯特接到一份来自母校达特茅斯学院的诉讼请求。

达特茅斯学院是一所建立于殖民地时期的大学，一位传教士从殖民地总督那里获得了办大学的特许状，并自筹资金成立了这所学院。

在美国独立之后，学院所在的新罕布什尔州州政府接替了殖民地总督的治理权。州政府对达特茅斯学院投入过一些资金，于是要求学院修改章程，把私立大学改成公立大学，加强州政府的控制。对州政府的做法，达特茅斯学院坚决反对，将州政府告上法庭。

教育机构有一个特许状，这个案件的争议点是：州政府能不能改变这个特许状？

如果新罕布什尔州可以改变特许状，马萨诸塞州也能改变哈佛的特许状，所以达特茅斯学院获得了很多支持，在这个案件中，其他教育机构与常春藤联盟凝聚在一起。

然而这场官司中，州法院却支持州政府的决定，达特茅斯学院不服判决，上诉到美国最高法院，决意为学院的命运做最后一搏。而希望被寄托在律师韦伯斯特身上。

在法庭上，韦伯斯特发表了一篇精彩的辩护演讲。他说，"毋庸置疑，本案的种种条件构成了一个契约。向英王申请特许状是为了建立一个宗教和人文的机构……如果此类特许权可以随时被夺走或损害，那么，财产也可以被剥夺和改变用途……所有高尚的灵魂都会离开学校。"

他（韦柏斯特）认为如果学校特许状的颁布因为政党的变化而被左右，会逐渐削弱教育机构在教育上的竞争力，因为它们会表现得政治化……这也是他在本案中的主要论点，为什么不能让政府改变学校的特许状，因为那会政治化学校的性质。

〔杰拉尔·丹尼尔　达特茅斯学院历史教授〕

最终，最高法院以五票赞成、一票反对、一票弃权宣判达特茅斯学院获胜。韦伯斯特一战成名，守卫了母校独立。

这次诉讼被列入影响美国的 25 个司法大案，为国家不允许干涉大学这一原则奠定了法律基础，对

国家不允许干涉大学这一原则对美国的教育史影响深远。

美国的教育史影响深远。

1860 年之后的三四十年间，美国迅速增加了数百所大学，有几十所名校都是在那一时期成立的。数量的增加、教学的独立，还促使各个学校要想方设法突出自己的优势，这也造就了美国大学的独特性。

大学的创新在于学术的创新，学术的创新在于建立一个公平和公正的环境。

从教育体系上来讲，大学的创新在于学术的创新，学术的创新在于建立一个公平和公正的环境，公平公正的环境，也取决于它是学术主导而不是行政主导。

（王辉耀 中国与全球化智库理事长）

每年 4 月，查尔斯河寒意未退，帆船俱乐部的学生们已经在准备新一年的航行。充满活力的查尔斯河，处处散发着年轻的气息。河畔两岸比邻而居着美国最顶尖的两所大学。一所是建于早期殖民地时期的哈佛大学；一所是建于美国工业革命时期的麻省理工学院。

可以说，美国大学的转变与新生，几乎都可以在这里寻到踪迹。

哈佛大学是美国历史最悠久的学府，比美国建国还要早 140 年，第一届的学生只有九名。直到 19 世纪中期，哈佛大学始终是一所教会学校。

那时的美国，工业化进程突飞猛进，新的生产方式和生活方式改变着整个社会。可是美国的大学与社会严重脱节，远远落后同时期的欧洲。大学教育走到了改革的十字路口。

1869 年，哈佛大学迎来了历史上最年轻的校长，35 岁的哈佛毕业生查尔斯·艾略特，这位年轻校长能否为这所古老的大学注入新的活力？

在艾略特看来，哈佛不应该是对欧洲大学的复制，它应该从美国自身的土壤中成长起来，具有自身的特色，应该富有开拓精神。

吴军在采访中说道："艾略特这个人很了不起，他做了很多很重要的事情。比如说他把原来大学以教课为主改成以学习为主。什么意思呢？就是说以前老师懂什么我教你什么，现在就是学生我想学什么，大学想办法来教你什么，这样到今天，像哈佛拥有 6000 左右本科生的学校，开出了 6000 门左右的课程。所以基本上所有东西，只要你想学，就能在哈佛学到。"

艾略特认为，学校作为培养人才的场所，要给学生在学习上选择的自由，使学生在擅长的学科上有施展才能的机会，最大限度地发挥他们自身的潜能。由艾略特率先在哈佛大学推行的选修制，到 20 世纪初，在美国大学得到普及，大学教育实现了颠覆性的突破。

不过，艾略特也有一件遗憾的事，那就是没能并购查尔斯河对岸的麻省理工学院，为哈佛大学增

与传统欧洲大学不同，美国大学与生俱来带有这个国家初创及扩张过程所拥有的开拓精神。

添一个最好的工学院。令艾略特心怀遗憾的，又是一所怎样的大学呢？

从本科到博士，迪拉已经在麻省理工学院生活了11年。他生活的宿舍，也是他的发明实验室。

也许在很多人眼中，迪拉是一个特立独行的人，常常会因为突然冒出的想法，而去做别人想不到的事。他的兴趣爱好横跨量子计算、人机互动、天文观测、中文、茶道……但是迪拉却认为，这在麻省理工学院稀松平常，他不过是校园里普通的一员而已。他试图用手机或者软件控制生活中的很多细节，采访到他时，他说道："其实在一般生活中，我会仔细考虑每一个细节，有时候我会想，如果有我能做的，比如说这个东西可以做一个软件，或者说我可以自己动手，我就会去摸索。"

一个个貌似杂乱无章的创客空间遍布校园，学生们热情无比地投入到大大小小、好玩有趣，却可能影响人们未来的实验中。

有几个同学，他们把沙发改成可以在马路上开的沙发。说不定你现在做电动沙发，过了十年你在做自动驾驶、太阳能，反正就是要从这个创意灵感开始。

（迪拉　麻省理工学院毕业生）

一个手持铁锤的人，一个埋头苦读的人，印刻

在麻省理工学院的校徽上。动手与动脑，行动与思考，两相并举的教育理念，激发了无数善于思考又善于解决实际问题的人。伴随时间的推移，这样的理念沉淀成麻省理工学院的独特气质。

动手与动脑，行动与思考，两相并举的教育理念，激发了无数善于思考又善于解决实际问题的人。

麻省理工学院的校徽

时至今日，麻省理工学院在基础科学方面的研究硕果累累，为世界的技术进步、商业繁荣，贡献了持续前行的动力。今天这所学校创造的财富，相当于世界第 11 大经济体。

成立于 1985 年的媒体实验室，是麻省理工学院最有名气的实验室之一。

休·赫尔教授儿时的梦想是成为登山家，即使在发生惨痛事故失去双腿之后，他依然没有放弃这个梦想。

我的双腿被截肢之后，我就躺在医院里，想我下一步应该怎么做。我开始设想，要继续我成为攀岩运动员的梦想。

我开始设计我的假肢，使假肢在垂直攀登时，更有帮助，功能更强，我调整设计，改变我的高度，根据不同的岩壁，用不同结构和材质的假肢。截肢一年后，我反而可以完成比以前难度更高的攀岩。

（休·赫尔　麻省理工学院媒体实验室教授）

在麻省理工学院和哈佛大学完成学业后，赫尔教授加入媒体实验室进一步开发假肢，这里是他能够实现梦想的地方。

媒体实验室作为一家纯学术的研究机构，目的不是为了如何将科研成果转化为产品，而是专注于对科学的探索和独创性的发明。

在这里，五花八门的项目全部是针对未来的研究，如果总结一个共同的主题，那就是——拓展人类。

我们做研究不只是为了学术成就或者是为了学习，我们做研究是为了可以影响真实的世界。

——伊藤穰一
（麻省理工学院媒体实验室主任）

媒体实验室开创了一种新的模式，把研究、学习和行动整合成一体。他们开放研究过程，允许外界参与，全球性的企业、各国政府部门和其他研究机构都可以通过赞助进入实验研究，从而开阔视野，了解最新的科学方向。

大多数来自公司的钱是被作为共同资金，教职工和学生可以做任何他们想做的事，公司想要得到那些他们还不知道的问题的答案，所以公司真正想要的是发现和创新，而不是现有问题的解决方案。

麻省理工学院一批爱鼓捣的学生们，被人们称作"创客"。对于创客，脸谱公司的扎克伯格给出的定义是：创客是一群立志改变世界的理想主义者；他们勇往直前、不惧风险、不守陈规；他们拥抱开放，为了永无止境的创新。

如果你观察我们的办公室，很多人白天的工作就是写代码，但是我觉得提供一种方式，让他们可以自己动手去创造，我认为，这同样有利于他们探索新的想法。创新需要承担风险，放手一搏，所以我们鼓励公司员工去尝试，作为公司本身也应当具备这种精神。

（马克·扎克伯格　脸谱公司创始人）

就在美国的教育体系发展了百年之际，在美国西海岸，出现了一所风格迥异的私立大学——斯坦福大学。

皮埃罗·斯加鲁菲说"那时加利福尼亚不是创新区域，它在遥远的西部地区，很难从东部吸引人才，它更像是个发展中地区，与华尔街、纽约和伦敦相比，还相差很远。加州的大学也不是很出名，当时的斯坦福与现在不可同日而语。"

斯坦福大学创立之初，并没有引起人们的注意。这所大学的创办者，斯坦福夫妇在拜访了美国最知名的几所大学后，设立了一个目标：斯坦福大学不是象牙塔，它应该致力于学生的个人成功。他们邀请了美国中央公园的设计者，来建造这所没有围墙的大学。

我们采访到了斯坦福毕业生张璐，她带我们来到了斯坦福大学的工学院，她如是介绍工学院："里面有图书馆、自习室，也有教室，基本上是工学院的学生主要的一个活动地点，当时我刚刚开始被选入学校的项目，做我的创业公司的时候，主要的时间就花在这栋楼里面。""到了斯坦福之后就突然发现，周围的同学，包括学校的很多课程设置，都和创新创业有关。"

斯坦福毕业生张璐在工学院楼前

张璐口中的工学院实际上是一个车库形状的自习室，这就是要提到硅谷里的很多传奇的故事了，像惠普，还有苹果这些伟大的公司都是从车库开始起步，开始他们公司的第一步。

斯坦福大学是一所盛产企业家的大学，1939年，比尔·休利特和戴维·帕卡德，创办了惠普公司。

1964 年，菲利普·奈特创办了耐克公司。

1984 年，莱昂纳德·波萨克和桑德拉·勒那创办了思科公司。

1995 年，杨致远和大卫·费罗创办了雅虎公司。

1998 年，拉里·佩奇和谢尔盖·布林创办了谷歌公司。

今天世界上至少有 5000 家公司，其创办者是来自斯坦福的教授或学生。

斯坦福很独特，这里既有很多的研究，也有很多的教学，显然这些技术有很大机会被转移到校园之外，进入行业中，从而创造非常成功的公司。

〔大卫·切瑞顿 斯坦福大学教授兼硅谷企业家〕

企业家精神，就是斯坦福大学的一部分。如果说常春藤大学为整个美国培养精英，斯坦福则在为硅谷源源不断地输送创新人才，这所被称为硅谷心脏的大学，它的校训来自 16 世纪德国人类学家修顿的一句话："自由之风永远吹拂。"

几百年来，在大学变革之路上，没有哪一所大学是专门为了创新而设立的，但是今天的创新几乎都离不开大学。也许是直接从大学诞生的创新成果，也许是大学培养的创新人才，而更重要的，大学一定是人类思想的智库。大学本身的出现，就是

科研就是把社会的财富变成了知识，这就是我们要投入，把财富投入变成知识。而创业就是把知识又变成了财富，但是一旦我们的师生能够创造了财富，最终他们还是把这些财富捐回给学校，又从事了学校的教育事业。

——张首晟
（富兰克林物理奖获得者）

人类文明的一项创新之举。

大学是一个神圣的殿堂，大学的本质就是培养人，培养一个完善的人，培养一个健全的人。

有一个伟大的理想和梦想，能够代表一群人，将来为这个社会担起责任来。

（施一公　清华大学副校长）

在清华大学校园里，近一个世纪之前，著名学者陈寅恪曾在这里提出"独立之精神，自由之思想"，为中国最早的一批大学埋下了这样的学术精神和价值取向。2015年，中国宣布，要建立世界一流大学。这一年，距离中国大学诞生120年；这一年，距离世界最早大学诞生934年。

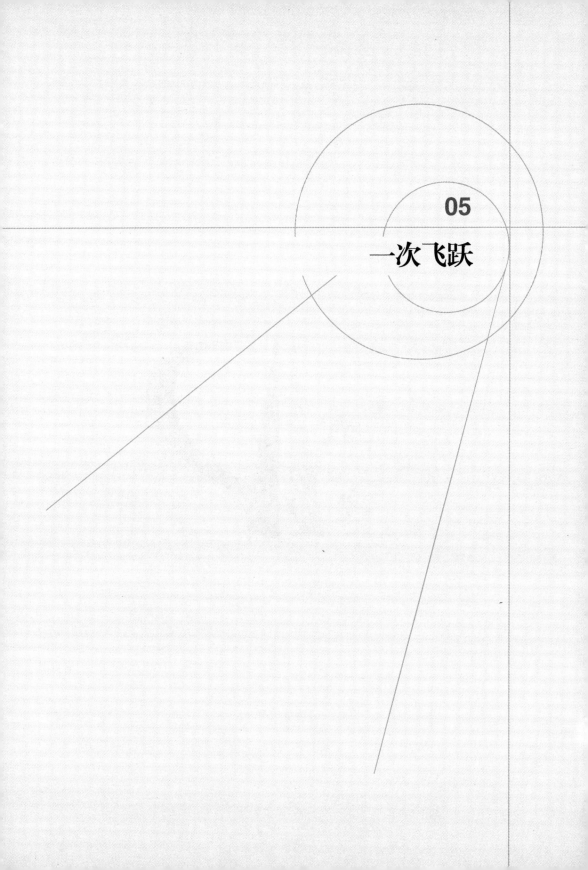

05

一次飞跃

人类在地球上的起点，曾经和所有的生物一样：大自然的赐予就是我们赖以生存的全部。无论是山间的野果、时枯时荣的水源，还是狩猎来的毛皮。

而今天，当我们环顾四周——几乎人类享用的所有物质都来自于人脑的创新，追根溯源都来自某些人大脑智慧的灵光一闪。

谁能想到小苏打和咳嗽糖浆的无意混合能造就市值数千亿的可口可乐公司？那些发现"柳树皮可以止痛"的埃及人，如何能看到几千年后源于这一发现的药物阿司匹林，可以荣登世纪之药的宝座？谁能预料到曾经被苹果公司赶出的乔布斯，可以在未来颠覆整个手机行业？

然而是什么在保护着人的智慧与创造，由此让创新不断地持续？

专利的本质：保障与激励创新

德国西部城市伍珀塔尔，是德国重要的工业城市，也是世界销量最高的药物之一——阿司匹林的诞生地。

阿司匹林，作为医药史上的经典药物之一已应用百年，起初以镇痛消炎为主要功效，逐渐又被发现有抗血栓的作用，在整个 20 世纪，它被称为影响人类的世纪之药。然而这枚惠及了数以亿计患者的白色小药片，其主要成分水杨酸却并不是新发明。

早在几千年前古埃及人就在柳树叶里发现了这种物质的镇痛功能，但是却伴随着严重的损害消化系统的副作用；上千年来它以不同的名称和形态出现在各个文明的记载中，疗效与副作用始终相生相伴，直到 19 世纪末，它才发生了质的变化。

费利克斯·霍夫曼，是德国伍珀塔尔一家染料公司的化学家，1897 年，为了帮助患有严重风湿病的父亲减轻疼痛，他想到了水杨酸这种传统镇痛物质，但是父亲的胃却无法承受水杨酸的刺激。能否在治疗关节炎的同时避免或减轻对胃的伤害呢？

拜耳医药保健首席科学家约翰内斯·彼得·斯塔什在谈到乙酰水杨酸的发明过程时说："费利克斯·霍夫曼那个时候有一个想法，就是将酸性残余物放到一些分子上，可以保留它们的正面效果，同时消除副作用。因此，这是一个创新的想法。这个想法的意义就是，改变并优化了化学结构。然后就形成乙酰水杨酸，实际上就成为了一种镇痛剂和抗炎药。药效非常好，并且没有水杨酸的副作用。"

利用化学专业知识，费利克斯·霍夫曼成功改造了水杨酸，这个新的突破缓解了他父亲的病痛，也挽救了一家岌岌可危的公司。霍夫曼就职的拜耳公司，当时正面临着染料长时间销售停滞，水杨酸的成功改造，让拜耳公司看到了商机。他们迅速做了两件事：一是为化学品乙酰水杨酸取了个商标，名为"阿司匹林"，二是为其生产过程在德国、美国、英国等多个国家注册了专利权。

专利创造财富。

专利的申请意味着拜耳公司能够在一定期限内，控制这种药物的生产和商业收益。从伍珀塔尔寄出的阿司匹林，到达了德国乃至欧洲数百名医生和药剂师的手中，阿司匹林就这样传播开了。随着人们对阿司匹林的依赖，掌控了专利的拜耳公司也获得了巨大利润，在 20 世纪跃升为德国最大制药公司。

与很多创新驱动的公司一样，保护我们的创新非常重要。只有这样，我们才能成为一个可持续的公司。

（约翰内斯·彼得·斯塔什　拜耳医药保健首席科学家）

一个药物的专利造就了一家世界知名的企业。而对于高成本、高投入、高风险的制药行业来说，每一个药物的诞生过程都是漫长而艰难的，创新始终伴随着不确定性和巨大风险。

今天我们身处一个创新的世界，也是一个专利无处不在的世界。

我们手中一部小小的手机涉及至少数十万件专利。从外观设计到材料工艺；从各个部件到内部结构；从应用程序到通信协议……一部售价400美元的智能手机，各种专利费用加起来竟然高达120美元，甚至超过了设备的零部件成本。如此高昂的专利费用，人类却争相为它买单。

创新创造了持久的价值，创新创造了机会，而专利体系是直接与创新联系的。实际上，专利体系是吸引、记录、接受发明价值的唯一渠道。

（戴维·卡博斯　美国专利商标局前局长）

它（专利）是一个创新的激励机制，它通过保护你的创新成果，保护发明创造，进一步激发人们创新的热情。

（申长雨　中国国家知识产权局局长）

正是专利，用法律的手段，肯定人脑创新的价值，保护人类最主要的财富源泉，为创新者提供着激励。

专利的诞生：人类创新史上的飞跃

专利制度诞生之前，人类已经有了上千年的发明史。

位于意大利佛罗伦萨的圣母百花大教堂，是文艺复兴时期最著名的建筑之一。1418 年，这座教堂已经基本建成，但是它遇到的难题是，以当时的技术，无法按照设计图纸完成如此之高，又如此之大的穹顶。当人们面对没有穹顶的教堂不知所措的时候，一位名为菲利波·布鲁内莱斯基的工程师出现了。凭借着自己高超的技术和数学才能，他发明了一种起重机，在不借助任何拱架的情况下，将 400 多万块砖运送到教堂顶部，建成了世界第一座大穹顶教堂，而这也占据了他生命中的大部分时间。

但是这位非凡的设计师却没有留下一张图纸和一组计算数据，为了防止别人剽窃他的方法，菲利波完全凭心算和精确的空间想象开始动工。在现代专利制度建立之前，菲利波的担忧不是个例。商人和手艺人为了保护他们的智慧与创造，想尽一切办法将其保密，或只在家族内传播。

如何让发明人愿意和全社会分享创新成果，用怎样的形式肯定人的智慧与创造？这是留给全人类的难题，而位于欧洲西边的一个海岛国家，最先找到了答案。

专利起源于对发明者创造与智慧的肯定，让发明者愿意与全社会分享创新成果。

正是专利制度的出现，让玛格丽特有了今天的职业。她是英国伦敦一家律师事务所的专利律师，从业 30 年来，每天她都要面对众多专利的申请和诉讼案件。她的工作，就是用法律的手段识别和保护创新。

专利非常重要，如果你要花费时间、金钱和脑力去创造一样东西，那么保护好它是很重要的。如果不保护的话，有人会窃取你的想法，有人会复制你的作品。我们建立一个保护机制就极其重要了。

（玛格丽特·托法里德斯　克莱德联合律师事务所合伙人）

作为一名专利律师，玛格丽特服务的客户小到收入微薄的个体户，大到大型企业，无论是谁，拥有了专利，也就拥有了保护自身利益的武器。而这种激励机制，也为英国在创新上的活力和文化创意产业的繁荣，提供了最基础的土壤。

在英国，不同的领域有不同的法律保护创新。这取决于行业的种类：科技行业、制药部门、零售行业或者是拥有知名品牌的人，都有对应种类的知识产权法律来起作用。

（玛格丽特·托法里德斯　克莱德联合律师事务所合伙人）

科技的进步就像其他经济要素的发展一样，依靠的是激励机制，要激励人们去探索未知的世界。

——乔尔·莫基尔

（美国西北大学艺术与科学教授）

英国，这个现代专利制度的诞生地，诞生了世界第一部现代专利法《垄断法》。这部在和王权的博弈中出台的法律开启了法律制度史的新篇章。

500年前，"专利"这个词和今天含义不同，在当时它是国王的垄断特权。从某项发明技术，到人们的日用品，甚至是生活必需品，都属于国王特许的垄断权。

1236年，英王亨利三世曾颁发了制作各种色布15年的特权；1331年，英王爱德华三世授予一项织布及染布的独占权利；1367年，又特许两名钟表工匠营业。国王的垄断特权严重破坏了市场秩序，与民间的矛盾随之出现。

1624年，英国法学家爱德华·柯克等三人起草的《垄断法》在英国颁布，这部法律将国王的垄断权限制在一定范围内，即国王只能对新产品的第一个发明授予专利权。专利不再属于王权，而是用法律与制度来肯定创新，对个人予以财富的回报。从此，个人的权利逐渐地从王权中剥离出来，生命权、财产权、自由权成为人类文明社会的三大基石。

> 个人的权力逐渐从王权中剥离出来，生命权、财产权、自由权成为人类文明社会的三大基石。

《垄断法》作为涉及发明人权益的专利，是随着人们对发明创造重要性的认识越来越深入，才在封建特权的基础上逐步形成的。应该说，《垄断法》是将发明这种垄断作为一切垄断的一个例外予以规定。这样就坚决地促进了现代专利制度的形成。

（申长雨　中国国家知识产权局局长）

··

　　为什么现代专利制度会诞生在英国这个地理位置处于欧洲大陆边缘的独立岛国？这个曾经远离欧洲文明的国家，曾经被孤立和忽视的国家，却是欧洲第一个解决了法治与王权关系的国家。在《垄断法》颁布前，英国已经在王权和私权的博弈中，挣扎走过了几百年。

　　2015 年是英国《大宪章》法案签署 800 周年。6 月 15 日，船队沿泰晤士河巡游，英国王室们也出现在《大宪章》签署之地——英格兰的兰尼米德，重温当年贵族们争取自由权利的历史。

　　1215 年，贵族们和民众向国王权力发起了挑战，在压力下，国王约翰被迫签署了《大宪章》，在那个"君权神授"的年代，第一次界定了国王、议会各自的权力范围，并且规定了任何人，包括国王，都不得凌驾于法律之上。

　　《大宪章》成为英国自由传统的基石，也使法治精神在英国得到了强化，发展到 17 世纪，促成了现代专利制度的萌生。

　　在现代专利法颁布的一百多年后，一个从小就表现出极强的动手能力和数学天分的孩子——詹姆斯·瓦特出生了。正是专利制度，让这个学徒出身

　　《大宪章》，有史以来第一次，让所有英国人，成为自己的国王！成为自己的主教！成为自己的主人！也成为能够自食其力的人。

专利制度为建立现代市场经济的国家提供了法律基础，激发了个体的创新活力，由此鼓励并催生着大量的技术创新。

的发明家，不需要依靠显赫的身世背景，便能获得相应的财富。而这种激励机制，是人类创新史上的一次重要飞跃。18 世纪，在整个社会的创新繁荣推动下，英国爆发了工业革命，开启了工业文明，人类也由农耕时代进入了工业时代。

创新强国的专利保护体系

因为工业革命的出现，英国成为了现代工业国家争相效仿的蓝本，到了 19 世纪末期，实行专利制度的国家已经达到了 45 个。伴随着工业革命的浪潮席卷全球，专利制度传播到了亚洲。在这片延续了上千年农耕文明的土地上，主张私权的现代专利制度，能否在这片土壤上生存，又是如何生根发芽？

丰田佐吉，是日本丰田公司的创始人，而丰田汽车产业的出现源于一台织布机的成功。

下图正是丰田佐吉首次发明的 G 型织布机，这款织布机是丰田佐吉花了 34 年时间才最终完成的，这是当时世界上被认为性能最好的织布机。当时英国最好的制造商 Platt Brothers 公司都来购买这款机器的专利。这款机器是丰田公司的开端，对于丰田来说这是一款具有非常重要意义的机器。

丰田佐吉首次发明的 G 型织布机

（远藤敏　丰田产业技术馆研究员）

1885 年，日本专利特许条例颁布，通过法律来保护新创造、新发明。这一年丰田佐吉 18 岁，这一条例的出台也激发了他对纺织机研究的热情，这样的热情持续了他的一生。

日本早期受到中国文化的影响，对于精神境界的追求要高于对物质的喜好，技术方面的创新往往被视为奇技淫巧，不予鼓励。

日本锁国时期公布的《新规法度》布告曰："总而言之，新型者，如器体、织品之类，均不得制造……诸商品本应依据传统古风，近年却改变花色品种，制造新奇之物，此类均予以禁止，切记。"

从传统封闭中走来，寻求发展的日本，其专利制度建立几经波折。在 1871 年，日本就颁布了相

日本走向现代化的起点是明治维新，技术立国是变革的重要方向，专利成为技术立国政策中的重要组成部分。

116

关的专利条例，但是条例在第二年就被废除了。不过，以此为契机，建立专利体系的意识已经开始慢慢深入人心。

在 G 型纺织机发明成功之前，丰田佐吉将大量心血注入到了另一个发明——环状纺织机上，虽然最终没有投入使用，但依然成为后人缅怀丰田佐吉的物证。

现存的唯一一台环状织布机

图中的这架织布机是现存的唯一一台环状织布机，作为样品放在丰田产业技术馆展出。展出它的原因是想让更多的人知道丰田佐吉这个非常有创意的发明。

〔远藤敏 丰田产业技术馆研究员〕

环状纺织机的命运对于丰田佐吉来说是一种遗憾，而不是失败，在他一生的研究中，他获得了 132 项专利，极大地推动了日本的现代化进程。专利制度是让他能够不断坚持前行的重要动力，这种动力也持续地感染着日本的大众，并且融入到所有人的生活之中。

我虽然不是做发明的，但我会指导发明家如何提出好的想法，如何获得知识产权，如何销售等。想让发明家们在自己能力范围内每天都很快乐地生活，我努力帮助发明家们，让他们的家人们也能支持他们。

（中本繁实　日本发明学会）

位于东京的发明学会，是一家鼓励和帮助发明家申请专利的民间组织。在发明学会顶楼有一座神龛，祭拜的是发明神。

在日本的传统文化中，万物皆有灵，人们赋予所有的物品以生命，敬畏之心由此而生。现代专利制度在日本扎根一个多世纪，由此带来的对发明创造的重视与尊重，已经彻底融入到日本的文化当中。

几乎与日本同时期，中国也曾经尝试建立专利体系，然而却几经波折。

我们国家这个专利制度，它的萌芽可以追溯到19 世纪中叶，将专利制度带入我们国家的是太平天国后期的领导人，这个人叫洪仁玕，就在 1859

年的时候，他在为太平天国提出的施政纲领《资政新篇》中，就提出了要建立专利制度的主张。

（申长雨　中国国家知识产权局局长）

....

　　洪仁玕在太平天国的执政纲领《资政新篇》中，提出了要建立现代的专利体系。然而太平天国的失败，却让中国的第一次尝试戛然而止。不过这次尝试，也让越来越多的人意识到了专利的重要性，1898 年 7 月 12 日，正值戊戌变法期间，清朝光绪皇帝颁布了中国历史上第一部专利法规《振兴工艺给奖章程》。然而仅仅过了两个多月，中国这一次在建立专利制度方面的尝试，也因为戊戌变法的失败而再次流产。直到 1911 年辛亥革命后，中国才重新兴起对专利制度的讨论。

　　真正意义上的专利法案在中国实施，是在 20 世纪 80 年代，此时，专利制度已经成为世界各国普遍实行的一种保护发明的法律制度，没有专利制度的国家寥寥无几。

　　在美国专利商标局展厅里，最后展示的是托马斯·爱迪生的发明专利。他被认为是"最具创造力的发明家"之一。这位发明家生前一共获得了 2332 项发明专利，其中 1093 项是在美国本土获得的。1877 年，他发明了留声机；1879 年，他发明了白炽灯泡；1881 年，他在纽约珍珠街上建立了第一座电力站；19世纪90年代，用他发明的活动电影放映机制作了美国最初的商业电影；1884年，他建立了可以观看活动影像的"电影馆"，这是现代电影院的雏形。而这些专利在他有生之年，每年给他带来一万美元的收益和世界性的荣誉。

美国，作为创新大国，在为世界贡献着众多创新成果的同时，其背后又有着怎样的专利保护体系呢？

17世纪，起源于英国的专利制度，早已随着新移民的登陆，在美洲新大陆扎根，但是富有创新精神的美国开国者，绝不满足于照搬英国的制度。专利制度，它第一次被写入一个国家的宪法。

- -

从17世纪、18世纪以来，美国人一直在创造新的方式解决棘手的问题。当时美国地大物博，人口稀少，缺乏劳动力，因此，美国的历史就是一部创造设备、机器，克服在一个大陆定居时人力资源缺乏的历史。

（戴维·卡博斯　美国专利商标局前局长）

- -

费城，是美国建国时的首都，也是宪法诞生地。1787年，在曾经的州议会大楼里，代表们举行了制宪会议。在长达116天的辩论中，美国的专利制度，就这样诞生在13个州之间的利益较量和博弈中，被写入宪法。

美国宪法第一条第八款第八项明确规定："为发

美国是第一个把专利制度写进宪法的国家，体现了这个国家对利益与财富的认可。

展科学和实用技术，国会有权保障作者和发明人，在有限的时间内对其作品和发明享有独占权。"这二十几个单词，成为美国专利制度的蓝本。

美国专利商标局曾经的驻地，也是今天美国商务部的所在地。在商务部的大门上，篆刻着美国第十六任总统亚伯拉罕·林肯的一句话："专利制度是给天才之火添加利益之油。"林肯也是历史上第一位手中握有专利的美国总统。而这句话，也体现了美国对于财富和利益的充分认可。

美国的诞生就与财富和利益的诉求紧密相关，如果不是英国对北美殖民地生产或出口钢铁、帽子、毛纺织品等作出很多限制，殖民地也不会为了反对这种限制，联合起来打响北美独立战争，也不会发起这个缔造世界第一大国的战役。

但英美之间的战争，并没有止于独立战争的落幕。一场暗战持续进行着，没有武力的对决，没有硝烟的战场，人类专利史上最大规模的一次交锋——英美专利战拉开了帷幕。

位于美国东北部的罗得岛州，是美国面积最小的一个州。在美国独立战争初期，这里是最早起来反抗英国的殖民地之一。这里同样因为英国，而成为美国工业革命的发源地。

1793 年，美国的第一座水力棉纺织厂在罗得岛建立，今天，这里已经被改造成了一座博物馆，用以纪念一位开启美国纺织工业篇章的先行者——塞

专利制度是给天才之火添加利益之油。
——亚伯拉罕·林肯
（美国第十六任总统）

121

缪尔·斯莱特。

塞缪尔·斯莱特亲手打造了这家工厂，因此被美国人称为"美国工业革命之父"。可是在工业革命诞生地英国，人们却称他为"叛徒斯莱特"。英雄和叛徒，为何对同一个人的评价反差如此之大？是什么让他成为英美之间最有争议的一个人？

18世纪中叶，刚刚完成工业革命的英国，正以创新先锋的姿态引领全球，作为靠创新获利的财富霸主，英国在专利立法和保护上，走在世界的前列，但与此同时也是盗版和抄袭的重点目标。

···

在美国独立战争之后，英国便颁布了法律，禁止向美国泄露纺纱机的制造技术，特别是技术人员和纺织机的部件，惩罚是监禁一年，没收货物，这是非常严重的惩罚，而且因为美国和英国之间的矛盾，这几乎比得上死刑了。

（卡尔·约翰森 斯莱特博物馆讲解员）

···

英国政府的禁令没有阻止塞缪尔·斯莱特对未来的想象。在工业革命发源地之一的英国德比郡，塞缪尔·斯莱特从14岁开始在当地棉纺织厂做学徒。在斯莱特的学徒期间，他决定要拥有一家自己的纺织厂，并将目光投向了美国，因为在18世纪80年代，美国被认为是一个充满机遇的地方。

此时的美国刚刚开始从农业国转型，在托马

斯·杰斐逊总统的支持下，大多数农业用地开始用于工业生产，进入工业体系。美国急需打破英国的技术壁垒，通过游说、广告和设置奖金的方法，美国公开吸引英国技术工人。

1789 年，21 岁的斯莱特结束了学徒生涯，他打扮成一名农民，坐上开往美国的船，去追逐自己的梦想，也开启了美国工业革命的序幕。

阿克莱特水力纺织机复原图

斯莱特借用了正常运行的阿克莱特纺织机的部件，凭借记忆组装了这台阿克莱特水力纺织机，重建了这台可以完美运行的纺织机。他不光是重建，自己还对原来的设计进行了改进。

（卡尔·约翰森　斯莱特博物馆讲解员）

如果说专利是对创新独特价值的公开定价和保护，那么抄袭则是偷窃本该属于创造者的利益。

斯莱特的复制极大地加快了美国纺织工业的进程，却侵害了发明者的专利权。如果说专利是对创新独特价值的公开定价和保护，那么抄袭则是偷窃本该属于创造者的利益。

黑石河在美国工业革命时期，为沿河上百家工厂提供动力，曾被美国环保局测定为美国污染最严重的河流，河底遗留的污染物至今还没有完全清除。美国人对这条河流的印象就如同英国人对斯莱特的印象一样坏，斯莱特的仿造行为，以及从而导致的损失，让英国人至今无法释怀。

有时英国的一些学生听到斯莱特的故事时，会反复喊：斯莱特是叛徒，因为斯莱特背弃了师傅和学徒间的信任，所以，斯莱特是一个美国工业革命历史上的英雄，却是一个英国人眼中的叛徒。

在国家的竞争排序中，创新立国者是全球财富的领航员，也往往成为被抄袭的受害国；但是当一个国家，充斥着低成本的窃取和仿造时，固然会在短时间内聚集巨大财富，却也同时扼杀着整个国家的创新热情。

事实上，在 1787 年，也就是斯莱特抵达美国的两年前，美国已经将对专利的保护写入了宪法。但直到 1835 年，在长达半个世纪的时间里，美国颁发的近一万项专利中，其中相当大的部分，都是对英国等工业国家同类技术的"模仿"。

从拿来主义到创新、再到保护创新，这个过程几乎是每个新兴国家的必经之路。正是不断完善着对创新和专利的保护，让美国后来居上，诞生了众

从拿来主义到创新、再到保护创新，这个过程几乎是每个新兴国家的必经之路。

多改变世界的创新者，缔造了世界第一科技强国。

今天，每一个渴望跻身世界创新强国的国家，都意识到模仿与抄袭，无法走得更远。

一个国家如果永远是一个模仿者，不发展自己的创新，那么这个国家就永远无法达到世界领袖的地位。

作为一个发展中国家在过去的几十年里面，我们主要是学习别人，因此去模仿别人，我觉得这都是可以理解的。但是一个国家不能够永远立足于copy（模仿），一个民族也永远不能立足于copy（模仿），尤其是中国这样一个大国，占了世界人口的1/5。所以，你如果永远是一个copycat（模仿者）的话，你就永远不能够成为世界的领袖。

〔闫焱　风险投资家〕

专利是商业竞争的利器

与一个世纪前相比，今天的中国已经意识到专利保护的重要性，但是，在专利质量、转化率等方面还与美国等科技强国存在差距。今天世界上的专利强国，其专利制度基本在本国运行百年以上，而中国的现代专利制度仅仅发展了三十余年。

中国的很多企业，大企业或中小型企业，促使老板去建立这个团队或者专利团队部门的很大的推动力是外部遇到问题了，就是有诉讼或者有侵权指

125

责，促使我们的企业必须去正面思考这个问题。

（王活涛　腾讯知识产权副总裁）

．．．．．．．．．．．．．．．．．．．．．．．．．．．．．．

从历史的、现实的，从国内的、国际的，我们从多个纬度来看，建设知识产权强国都是非常必要的。应该说发达国家，无一不是知识产权强国。

（申长雨　中国国家知识产权局局长）

．．．．．．．．．．．．．．．．．．．．．．．．．．．．．．

美国专利局在成立了 200 年后，依然是世界上保护创新最严格的地方。在这里可以检索到美国建国初期，农业社会的简单专利事务，也可以搜索到 21 世纪世界超级公司的核心技术。这个信奉"太阳底下的任何人为事物，都是可以被专利"的国家，也成为全世界专利诉讼金额最高的国家，每年专利诉讼直接耗费几百亿美元，而专利收购也成为美国各大科技公司保持发展和拓展市场的重要手段。

如今，专利收购已成为各大科技公司保持发展和拓展市场的重要手段。

．．．．．．．．．．．．．．．．．．．．．．．．．．．．．．

关于钱、关于品牌认知、关于全球品牌力量，这是商业世界里的喋血之争。这种斗争永远不会结束，随着全球市场的扩大，我们会看到更多公司互相竞争。

（玛格丽特·托法里德斯　克莱德联合律师事务所合伙人）

．．．．．．．．．．．．．．．．．．．．．．．．．．．．．．

2013 年，拥有 131 年历史的柯达公司宣布破产，这个曾经占据了全球三分之二胶卷市场的明星企业，就这样消失在公众的视野里，他们的产品也随着数码时代的来临，退出了市场。就当这一切离去的时候，柯达公司却留下了一笔巨大的财富——积攒了130年的一万多项技术专利。有人曾测算，柯达公司持有专利的价值，或许比其业务本身的价值高出五倍。

在其破产之际，柯达公司公开出售1100项数字图像专利。而这起在美国备受关注的专利交易，另一方是一家专门从事专利交易的公司——高智发明。

我对照相一直都很有兴趣，但如果你跟我说我会是那个拯救柯达免于破产的人，我会说那是不可能的。

（内森·梅尔沃德　高智发明创始人）

尽管内森是一个影像爱好者，在他的办公室里，收藏着老式的胶片摄影机，他也是好莱坞第一部恐龙电影《侏罗纪公园》的狂热影迷，但是，对柯达专利组合的收购，对内森而言不掺杂私人情感，是纯粹的商业行为，是一次获得高性价比专利授权的机会。为此，高智发起组织了12家高科技产业巨头，共同参与与柯达的谈判。

这件事很有挑战性，因为这些公司里面有些

互相讨厌，差不多是"一山不容二虎"的状态，他们互不相容。我们需要说服这些互相敌对的公司不再闹矛盾，这对大家都好，事情也能够顺利进行下去。

（内森·梅尔沃德　高智发明创始人）

我认为将许多公司结合在一起的价值在于，如果大家共同分担这个交易，相比于各自加入竞争来说每个公司完成交易的成本更低。所以我们的角色就是进入到他们中间与其协商，如何公平地分这块蛋糕，使得小公司付更少的钱，组织好这场交易。

（爱德华·荣格　高智发明联合创始人）

在全球化的今天，专利已不仅仅是创新的一种保护手段，它已成为商业战场中的利器。

最终，柯达公司的1100多项数字影像专利，以5.25亿美元成交，这些专利被授权给了参与谈判的公司，应用到了新的创新产品当中。这也是高智发明创立后金额最大的一次专利组合收购。

作为一家专门经营专利的公司，高智发明的实验室有超过140名科学家，和超过400家各国机构开展专利合作。如今，高智收集了将近七万笔专利资产，跨越五十多个不同的技术领域，许多高科技企业会在不知不觉中侵犯高智的专利权。这也让高智一度成为最受争议的公司。但是专利制度，就是让创造发明可以用货币衡量，让专利成为可以出售的商品。

我们的目标在于试着弄明白如何将所有有趣的技术和知识交于正确的人，交于世界上所有人中能将其最大化利用的人。我相信在接下来的20年里，会发生更多的变化。也许某天我们会达到像股票市场这样的规模，拥有许多的交易员，甚至普通人也可以参与进来，表达自己的意见。

（爱德华·荣格　高智发明联合创始人）

500年来，专利制度不断变迁，不断完善，它在不同国家有着不同的命运。而今天几乎世界所有创新排名或榜单中，专利都被作为一项重要指标，衡量着国家、地区、公司、机构的创新力。

我们可以做这样的假设，如果好主意可以被免费仿效，被随意抄袭，那么，历史上那些影响人类的发明者还会留下几个？今天世界著名的创新企业是否还会存在？不管是可口可乐深藏在银行保险库的秘方，苹果风靡全球的专利外观设计，微软的电脑操作系统，当被抽离专利法律的保护，这些引领风潮的翘楚公司也就被抽离了立身的基石，整个现代公司文明和那些执牛耳者的财富神话，可能瞬间灰飞烟灭。

如果专利得不到有效保护，我们的社会发展和科技创新将失去发展的动力。

06

政府之责

2011 年，美国加利福尼亚州政府将苹果、谷歌、英特尔、奥多比四家著名的硅谷高科技公司一并告上法庭，原因是这四家公司相互承诺不争抢人才。

当时，四家公司的市值超过 6500 亿美元，对加州经济影响至深。为了维护市场稳定，避免人才竞争，四家公司签署了互不抢夺人才的协议。可是，加州政府声称，他们违反了加州鼓励人才自由流动的法律。

时隔三年，法院判定四家公司败诉，并处罚金 3.24 亿美元。四家公司不服，继续上诉，结果法院不仅维持了原判，还把罚金增加到 4.15 亿美元。这样的判决对公司似乎太过严厉。那么，加州政府到底要维护什么呢？

在硅谷，繁荣来自市场。加州政府的理由是，只有促进人才流动，加强公司之间的竞争，才能带来长期的技术进步。没有对员工跳槽离职的包容，硅谷将失去活力的本质。所以，加州政府宁可折损最成功的公司，也要守卫市场的准则。创新、市场和政府，三者究竟怎样相辅相成？政府又该承担起什么样的职责呢？

市场还是政府主导创新？

美国首都华盛顿特区，是众多联邦政府机构的云集之地。这里勾勒了美国政治运行的核心脉络，也见证了近现代美国政府的发展历程。城市不远处，静静的波托马克河，曾经目睹过一段联邦政府参与创新的故事。

塞缪尔·兰利出任过美国史密森学会的秘书长，在当时被认为是美国顶尖的科学家，他在华盛顿的研究中心以创新和科学试验著称。19世纪末，兰利着手研究动力飞行，并拓展了空气动力学理论。1896年，他研制了一架无人飞机模型，试飞非常成功，留在空中的时间将近三小时。

正是由于这次试飞，美国政府决定资助兰利五万美元，用来研发可以载人的动力飞行器。当年，美国国防预算的总金额不过两百多万美元。有了政府的支持，有了权威的专家，有了试飞的成功经验，飞上天空的梦想难道不是指日可待吗？

就在兰利获得政府资助的同时，距离华盛顿特区千里之外的俄亥俄州，两个原本做自行车生意的兄弟，也开始了他们的飞行梦想。只是和兰利相比，几乎没有人看好莱特兄弟。

然而，兰利并没有延续他的成功。1903年，兰利进行了两次试飞，全部失败，飞行员死里逃生，飞机则掉进了波托马克河。

那年秋天，《纽约时报》发表评论说："我们不希望兰利教授再耗费时间和金钱了，飞机的试验简直是无稽之谈。"人们的期待一落千丈，新闻媒体冷嘲热讽，政府迫于压力，最终取消了对研发飞行的资金支持。年近古稀的兰利不得不放弃研发，三年后，抱憾去世。

当时，没有人知道兰利为什么会失败，也没有人意识到，他与成功有多么的接近。

后来，人们发现兰利的飞机设计是成功的，只是试验工作没能继续下去。1908年，史密森学会专门设立了兰利奖，用于奖励在航空领域作出贡献的人，第一个得到兰利奖的，正是莱特兄弟，而他们的第一次成功试飞，就发生在兰利失败的九天之后。

事实上，莱特兄弟飞行试验失败的次数更多，关注他们的人也更少，即使在试飞成功之后，很长时间人们并没有意识到他们的价值。

在很多年间，兄弟俩不断写信。美国政府认为他们想要申请资金进行试验。但他们并不是在申请资金，而是说：我们手里有这样的设备，能不能给你们展示一下。由于自己的想法不被接受，两兄弟感到深受打击，于是他们开始给其他国家写信。

（阿曼达·莱特·林　莱特家族基金会理事）

在创新的道路上，谁都无法预知成功何时到来，一切从来不会按部就班地发生，有时候仅仅一步之遥，却可能成为永远的遗憾。

135

1908 年，莱特兄弟在法国组织了一个月的飞行表演。一时间，欧洲被空前的飞行热潮所感染。莱特兄弟用自己的坚持，赢得了世界。这一次，美国政府完全接纳了他们的成功。

莱特兄弟跟陆军通信部签署的出售第一架飞机的合同

这就是莱特兄弟跟陆军通信部签署的出售第一架飞机的合同。合同上的技术细节包含了飞机要达到的速度。

（唐妮·杜威　莱特州立大学莱特兄弟资料馆主任）

面对未知的新事物，它是从何而来，又会如何生长，其实不论是政治家、企业家，还是技术专家，都没有办法准确知道。否则，又怎么会是创新呢？

在建设道路或者城市规划上，政府效率可能更高。他们知道如何去做这些事，资源越多，其效率就越高。但如果要创新的话，有一件必须要做的事，就是提出可能不被认可的观点，创新的观点更有可能在体制外的小机构中实现。

（彼得·蒂尔　风险投资家）

....

　　最伟大的创新，最伟大的技术进步，都是我们在事后才能知道，今天有那么多的我们知道的新的产业、新的产品，三十年前谁能想得到？你想不到。同样三十年后，甚至二十年后、十年后，什么东西最重要，我们今天也想不到，这就是创新的不可预测性。

（张维迎　北京大学国家发展研究院教授）

....

　　工业革命之后，科技创新成为国家发展的重要动力，很多政府都尝试过把创新当作工程项目，大力开发，可大多不尽如人意。

　　1963 年，日本政府在筑波建起一座科学城，目标就是科技创新，希望以此摆脱对国外先进技术的模仿。然而，30 年后，依然没有起色。

　　1987 年，美国政府为了应对日本在半导体行业的竞争，投资 10 亿美元建立产业联盟，计划整合美国最好的半导体公司，寻找突破性进展，结果适得其反，各个公司却放弃了自己的基础研发，延缓了整个行业的步伐。

....

　　政府认为它有义务和权利去帮助快要倒闭的公司，或正在挣扎中的行业。但是这又会怎样影响

137

一个准备创新的人的积极性呢？这个人会逐渐意识到，当他开始成功的时候可能会导致现有企业面临困境，政府会冲出来帮助现有的企业，从而导致创新者的失败。

（埃德蒙德·菲尔普斯　2006年诺贝尔经济学奖获得者）

哪一种创新能够变成实际的产品生产和产业的振兴，是没有人能够知道的，只能靠试。所以要政府来决定这个创新的方向，创新的技术路线，那个十有八成是失败的。那么政府它首先要做的一件事，其实是要准备好的环境，因为政府在制度的建立上可以起很大的作用。

（吴敬琏　国务院发展研究中心资深研究员）

科技创新很重要的特点，就是它的不确定性和它的积累性，就是它不是说你让某个人做什么，他就可以做成的。不是事先能够计划，你想让某个大学和某个研究所和某个企业联合起来，政府把它弄在一起，就出东西了，这是很不现实的。

——徐冠华

（科学技术部原部长）

驱动创新：政府权力的边界

英国伦敦的战争博物馆

这是位于英国伦敦的战争博物馆。20世纪的两次世界大战，造成了巨大伤亡，英国经济受到重创。尤其是第二次世界大战期间，因为物资短缺，英国历史上第一次出现了配给制度。

第二次世界大战后，高居不下的失业率、整个社会的疲惫不堪，促使英国进行了一场政府主导的国有化运动。

英国克兰菲尔德大学荣誉教授大卫·帕克在接受采访时说："英国刚经历了六年的世界大战，整个国家几乎面临破产的危险，在钢铁工业、铁路制造业和矿业方面的投资几乎为零。政府当时的想法是，将这些企业国有化就可以为其注资，使其变得更有效率，焕然一新。"

英国政府的依据，源自一位名叫约翰·梅纳德·凯恩斯的经济学家。他主张政府可以对市场进行干预，实现市场的改善和发展。

1929年，美国出现经济大萧条，总统罗斯福正是按照凯恩斯的建议，强化了政府管理经济的作用，通过政府投入，创造就业，缓和了社会危机。

第二次世界大战时，英国遭受德国的进攻和封锁，大部分食物无法依赖进口，依靠配给制度，英国用三分之一的食物支撑了整个国家。有效的政府组织能力，在战争时期，显得更加突出。

市场经济本质上是一种系统性的、在信息积累的基础上建立起来的。这意味着，在一个较大的经济体中，每天都会发生很多不同的事，包括很多决定、计划，个体间要进行很多合作和协调。

国家政府试图贯彻实施其规划，在这个过程中可能会极大地降低市场或者是个体的自由。

（阿尔布莱希特·瑞彻　伦敦政治经济学院教授）

尽管政府出演过"挽救者"的角色，但是对于政府的职责，人们的思考并未停止。当时，在牛津大学读化学的玛格丽特·撒切尔，也就是后来英国历史上的第一位女首相，包里揣着另一位经济学家的书——弗里德里希·哈耶克的《通往奴役之路》。这位奥地利的经济学家认为，政府干预会损害市场机制的基础，影响长久的繁荣。

英国"不满的冬天"大罢工

这是一张很著名的照片，拍摄的是撒切尔夫人当选前，基层职工大罢工的场景，所以，你看这时伦敦的公园堆满垃圾，因为没有人清理，人们都在罢工，而在利物浦的一个小镇，殡仪业也参与了罢工，所以遗体也无人处理。

（大卫·帕克　英国克兰菲尔德大学荣誉教授）

1979 年的罢工，是 20 世纪英国社会非常重要的一幕。经济不景气，失业、劳资矛盾，让英国陷入难以自拔的困局，创新力更是在逐渐衰落。西方发达国家在 1953 至 1973 年的 20 年间最有影响的 500 项技术创新中，美国占 63%，英国占 17%，日本和当时的联邦德国各占 7%。曾经在科技实力上遥遥领先的英国，创新排名不再乐观，美国独占半壁江山，日德则一路追赶。

经济与社会的危机让英国的创新力急剧衰落。

英国的变革势在必行，撒切尔夫人正是在此时当选为首相。而她的态度，在当选之前就已经明确：政府退出对经济的介入，重建市场活力。

改革过程十分艰辛，有赢家也有输家，国有企业的员工自然会紧张。因为非商业化经营的企业往往有大量雇员，所以雇员们会担心失业。但企业盈利能力会变得更强，大众将受益于效率和服务质量的提升。

（阿尔那布·班内吉　英国首相前经济顾问）

改革后的第二年，364 位重要的英国经济和社会学家联名在《泰晤士报》上发表声明，公开反对撒切尔夫人削弱政府控制力度的政策。签字的人，包括英国皇家经济协会会长、九位副会长以及总理事长，其中也不乏诺贝尔奖得主和社会杰出人物。声明中写道："我们确信：现行政策将加剧经济的不景气，腐蚀我们的工业根基，因此影响到社会和政治的稳定。"

这场改革牵动了整个国家。从政府机构到反对党，从势力强大的工会到私人资本的介入，从大众媒体、学者智囊到每一个民众，各种利益形成了复杂而险境环生的旋涡。撒切尔夫人，无疑是那个搅动旋涡的开局者。

....

这是一场博弈。从一定程度上来说这是创新内部的大挑战。几乎所有的创新都意味着有人要为改变付出代价和承担后果。改变又总是昂贵和困难的。既得利益方认为他们的地位受到了威胁。

（保罗·凯利　伦敦政治经济学院副校长）

....

撒切尔夫人坚信，社会财富必须由创业者和实干家来创造，市场将会给他们最好的回报和评价。面对工会长达一年的罢工威胁，面对议会的强烈质疑，铁娘子始终想方设法让政府不断撤离市场，她也成为英国 19 世纪以来在任时间最长的首相。

改革需要勇气，创新面临挑战。

20 世纪 80 年代，英国的铁路、石油、电信、天然气、钢铁、自来水等行业纷纷脱离了国家的投资，走上市场化道路。循序渐进的十年变革，为英国注入了新的生长因子，到撒切尔夫人离任时，英国经济一直保持着 5% 的增速。

市场化后的英国电信，决策速度明显提升，不必等待行政审批，公司能够自由进行产品创新、改变市场战略和组织架构、进行海外投资等，这些在过去都无法做到。

（大卫·帕克　英国克兰菲尔德大学荣誉教授）

那是一个全世界都在寻求经济增长、寻求变革和突破的时代，有八十多个国家先后经历了市场化的过程：在中国，影响深远的改革开放开始启动；在美国，面对美元贬值、油价升高带来的通货膨胀，市场调配资源的方式越来越被看重；在日本，大大小小的企业正是通过对市场的耕作，开拓了成长空间。

然而，如同政府替代不了市场一样，很多情况下，市场也替代不了政府。

伊兰·甘内特是一位成功的投资人。2012 年 10 月 15 日，他在伦敦摩根大通交易厅，接到了医生的电话，被告知可能患上了肌肉萎缩症。"没有验证过的药物，也没有有效的治疗方法，这真的是最坏

政府代替不了市场，市场也代替不了政府，各自应该扮演怎样的角色？

的情况了。"

这场突如其来的家庭变故，让他放弃了全部的事业，举家从英国搬到美国，寻找最后一点希望。

在美国，每年患病人数少于 20 万人的病症，被称为"罕见病"。甘内特所患的肌肉萎缩症就是一种罕见病。这类疾病通常极度缺乏医疗资源的支持。一种新药的研发一般需要 10—15 年，而且投资额巨大，风险很高，是医药行业的"死亡谷"。如果没有相当规模的市场预期，就不能覆盖开发成本，而罕见病是几乎所有市场化的医药企业都不愿意触及的领域。

机器人医疗系统

你们看到的是机器人系统，可以在一个星期内完成一个人每周 7 天、每天 8 小时并持续 12 年的工作量，这就是美国国家转化科学促进中心加快研发进度的方法之一。

（克里斯托弗·奥斯丁　美国国家转化科学促进中心主任）

美国国家转化科学促进中心，作为政府部门，每年国家为它拨款 6.5 亿美元，用于包括罕见病药物在内的不同药物研究。这家机构成立时的宗旨就是寻找加速药品研发的普遍原理，供给其他机构分享使用，进行推广扩大。克里斯托弗·奥斯丁作为这家机构的主管，他对这家机构的定位就是弥补市场的不足。"这是我们和私营机构的一个区别，私营机构的本质是，不做可以让同僚和竞争者复制的事情，但这是政府需要做的事情。"

由政府来投入，将研究结果分享给药品企业，可以降低新药开发的难度。从服务社会出发，填补市场的边缘，鼓励市场的进入，这是政府对自身定位的一种选择。

我们是一座桥梁，是架在基础学术研究和商业部门之间的一座桥。在很长的一段时间里，这中间有一条河，但没有桥梁。所以一边是很棒的基础研究，另一边是很棒的商业部门，但是两者间的交流转换很少，所以通过搭建这样一座桥，促进研究到商业的转化。

（克里斯托弗·奥斯丁　美国国家转化科学促进中心主任）

驱动创新：政府的支撑与引导

在一个社会的运行中，创新的活力、市场的激励、政府的权力，各自扮演着重要的角色。政府既不高高在上，又不可或缺。但政府应该怎样去做，每个国家都会面临相似的挑战。

第一个，面向科技前沿，我们到底在政府这一块儿要做什么？特别是在做一些基础研究、前沿探索方面；第二个，就是科技怎么支撑经济社会，科技和经济结合发展；第三个，就是刚才我们反复讲的，国家要营造大众创新创业，营造科研人员、科研活动、创新活动的一个良好的环境。也就是我们讲的科技创新一个好的生态系统。

（王志刚　科学技术部党组书记、副部长）

而在创新的生态系统中，法律的制定至关重要。约瑟夫·艾伦，美国一位前参议员的顾问。20世纪70年代末，他参加了一次关于大学科研成果的研讨会，从而有机会亲身经历了美国一个重要法案的出台过程。"普度大学的人说，他们有很多能源部投资的研究成果。但是这些成果不会被开发，能源部会因为以前的政策，把成果都拿走，除非我们能获得成果的所有权，可以把成果授权给公司，让

在创新的生态系统中，政府需扮演重要角色。

146

这些公司受到专利法的保护，不然这些成果只会被搁置。"

艾伦听到的这个问题，在当时的美国非常普遍。人们也在反思，政府对科研领域的大力投入，为什么在经济上的成效如此之低呢？

美国政府对基础科学的研发投入，起始于第二次世界大战的军事需求。战争结束以后，美国大学与政府形成的合作关系却保留下来，而且大学还承担了越来越多来自政府出资的研发项目。

虽然大学的科研成果很多具有引领性和实用价值，但是当时的政府部门本着"谁出资、谁拥有"的原则，坚持由政府严格管理所有的专利权，包括一切后续的研发也不可以由发明人单独享有。既然花了纳税人的钱，当然要替纳税人负责，否则就有"官商勾结"之嫌。

研发人员的努力成果，实际上要拱手让与他人。许多研发项目欠缺继续推动成果转化的积极性，结果被束之高阁，形成严重浪费。据统计，一共有近28000个研究成果，被政府从大学、合作机构以及政府雇员那里收走，而其中只有5%左右被授权，其他几乎都没有被商业化开发的。

在大学的请求下，两位参议员携手提议了《拜杜法案》。法案的目的是实现产学合作，将专利权授权下放给科研机构，激活创新研发，通过专利成果向市场转换，带动创业和就业。

如果创新的科研项目不能向市场转化，那将是最严重的资源浪费。

如果发明者不能拥有研究成果，没有商业化带来的奖励，这些成果永远都不会被商业化，所以《拜杜法案》出发点是很基础的问题，谁能更好地管理新的发明，是政府吗？还是发明者自己？

（约瑟夫·艾伦　前参议员幕僚长）

你需要有发明者，你需要发明者参与进来，因为只有发明者知道为什么这是重要的，应该如何做，这些内容是不会写在论文上的。

——丽塔·内尔森
（麻省理工学院技术授权办公室主任）

经过几个来回的辩论和听证，前后历时两年，《拜杜法案》在1980年12月12日，正式由国会通过。《拜杜法案》的出台主要确定了政府资助的科研项目的专利权该归谁所有，由谁来管以及如何分配收益的问题。这份法案只是在经济动力上做了调整，却让美国在十年之内重塑了世界科技的领导地位。

《拜杜法案》出台以后，大学申请专利的数量迅速地增加，专利许可活动也越来越活跃，大学通过专利许可得到了大量的经费和一些支持，而且借助于研发一些新的技术，他们也开设了一些新的公司。

《拜杜法案》也被《经济学家》这个杂志评为美国过去50年最具激励性的一个立法。

（申长雨　国家知识产权局局长）

法律对创新者权益的确认与保障能最大化地激励创新者。

有人称，《拜杜法案》是美国从"制造经济"转向"知识经济"的标志，同时也为其他国家的立法提供了借鉴。1984 年，以色列政府颁布《产业研发鼓励法》，希望加强企业参与高科技研究和产品开发；1995 年，日本围绕《科学技术基本法》，确立了科技创新的方向和计划。

进入知识经济时代，人才被公认为是创新的第一要素。培养人、激励人、尊重人，政府的人才政策，已经变为创新竞争的资本。

马尔克斯一家人都是来自欧洲的移民，他们青年时就离开了故乡，在美国求学、工作。在这里，他们成为了科学家，并组建了自己的家庭。然而，究竟是什么让人们愿意相信一个国家的承诺，看好一个国家的前途，并能够在其中找到属于自己的未来呢？

美国给我们机会，让我们进行科学研究，我们都获得了学术和商业上的进步，我认为在这个国家移民们获得了不同机会，都是很幸运的。

（曼努埃尔·马尔克斯　纳米材料专家）

我们觉得受到了尊重和培养，机会变得更多了，所以我们权衡了一下，决定为了我们和女儿们更好的未来而留下。

（卡洛琳娜·马尔克斯　食品技术专家）

对于来自不同文化背景的移民，美国带给他们的不止是机会，还有对多样性的包容，这也让远离故土的人们，能以更积极的态度，去承担起让这个环境变得更好的责任。

这些年我们通过学术论文、专利发明以及产品，改变并融入这里，这些改变是必要的，而不是额外的，对我们来说这很重要，同时社会对于我们的改变，做出了积极的回应，这就是进步。

（曼努埃尔·马尔克斯　纳米材料专家）

自 20 世纪 60 年代开始，美国不断修改《移民法》，不断增加着对世界人才的吸引力。从 1960 年到 2013 年，美国有 72 名移民科学家获得了诺贝尔奖。而英国、德国、新加坡、韩国等国家都在移民制度上对人才引进给予了特殊考虑。今天，世界上有七十多个国家承认双重国籍，这也从一定程度上促进了人才的跨国流动。

作为世界第二大经济体，中国正在努力探索经济增长方式的转型，对创新的渴求，对人才的渴求，变得现实而紧迫。

2008 年是中国一个具有标志性的年份。这一年，中国的改革开放刚刚走过 30 载。从国外归来的教授施一公，向国家提出了一项引进海外人才的建议："在 2008 年 5 月 4 日的座谈会上，当时座

政府的人才政策也是一种资本，更是国家创新的力量所在。

谈会是习近平副主席主持的，我做了一个我自己觉得很深情的请求，希望中央考虑，希望国家考虑，引进海外高层次人才、尖端科学家。"

施一公的建议果然被采纳，"海外高层次人才引进计划"，也就是"千人计划"，随后正式出台实施。到 2015 年，这项计划已经分 10 批从海外引进了 4180 多名创新创业人才，其中有 50 名科技发达国家的院士、1400 多位国外名校的教授。

这是一个人才计划，推动中国跟世界接轨的一个人才计划。

通过这种千人计划的模式，能够带动各地对人才工作的重视。它相当于是一个抓手，在这个里面把人才工作重视起来，形成这么一个对人才重视的氛围，我觉得还是比较有意义的。

（王辉耀　中国与全球化智库理事长）

一个地方、一个单位、一个国家，创新能力的水平与创新人才的素质是相关的，与素质的高低是相关的。所以说，创新人才是创新发展最关键的要素。

——白春礼
（中国科学院院长）

"千人计划"和一系列人才计划，表达了中国对创新人才前所未有的重视。随后，中关村科技园区成为中国的人才特区，对海外高端人才的年龄和国籍制定了更为宽松的政策，股权激励、项目经费使用等措施陆续颁布。

我们必须要消除国际人才流动的壁垒，这和我们当年消除世界贸易组织的货物流动壁垒是一样的，所谓人才流动壁垒现在就是签证、绿卡、国籍，这些羁绊能够放松、能够放开，我觉得应该尽量放开。

（王辉耀　中国与全球化智库理事长）

2015 年，中关村一条 220 米长的街道吸引了众多的目光。这里成为观察中国创新活力的窗口。从这里，传递出了中国政府推动创新的强烈意愿，以及社会创新氛围的变化。

220 米长，不长的一条街，但是产生了巨大的影响，这种影响更多的不是物理空间上的这么一个影响，更主要的是创业文化、创业思想和创业服务的这种影响。就是让全国各地的这些人看到创业的这种前景、希望。

（郭洪　中关村管委会主任）

只要你愿意创新，愿意以科技创新进行创业活动，在这个时代不仅能够在名利方面有收获，而且更多会得到世人的尊重。
——王志刚
（科学技术部党组书记、副部长）

我们看见这一轮的创业大潮，从中央到方方面面的部门，应该说是实属罕见空前地给小微企业，甚至创业团队，给予的这种高度的重视和各方面的帮助，应该说这是我原来想不到的。

（毛大庆　优客工场创始人）

创新，好比一个选优的赛场，但重要的是赛场，而不是某一个结果。对于经济转型的国家，可能更创新需要包容的社会环境，这需政府来塑造。

我觉得我们应当建立一种文化，这种文化就是把失败和成功都看作科学进步的一个步骤，一个不可缺少的步骤。

——徐冠华
（科学技术部原部长）

需要一个能够包容创新、包容失败的社会环境，需要更多的人理解创新的过程，认识创新依赖的市场机制，懂得创新所要付出的代价。

创业、创新全是这样。不需要做更多的东西，只需要给他自由。有一个法治环境，我冒这个险，我能享受成功带来的果实，失败了我承担这个责任，只需要这个东西。

（张维迎　北京大学国家发展研究院教授）

创新往往预示着繁荣和引领，同样伴随着冲突和颠覆。当改变到来时，我们能够作出最恰当的反应吗？

2009年，一家旨在改善人们打车出行体验的公司，在旧金山诞生了，这就是优步。短短几年，优步已经遍布世界四百多座城市，改变了无数人的生活方式。

来自乌兹别克斯坦25岁的小伙子伍特迪尔认为自己是个非常幸运的人，遇到了两次改变命运的机会：第一次是中了移民彩票，来到了美国；另一次就是成为"优步司机"。他说："我完全爱上了它。真的是特别方便。每人都想要当自己的老板。自主地安排自己的时间。这是很关键的。有了优步以后，我就买了一辆车。这辆车是完全属于我的。我靠它工作并偿还贷款。"

优步所代表的共享经济，依托互联网和大数据，为人们提供了更加绿色环保的生活选择，然而它们在世界范围内，带给传统行业的冲击，也成为政府打造创新生态环境时必须考虑的问题。当创新真正到来时，不同国家、不同文化，也会塑造出创新的不同未来。

一项创新，从最初的萌芽到最后的结局，包含的意义远远不止创新本身。创新更像一粒种子，市场是它生长的土壤，政府能够做的，就是为它提供生长的环境，并耐心地培土、灌溉……

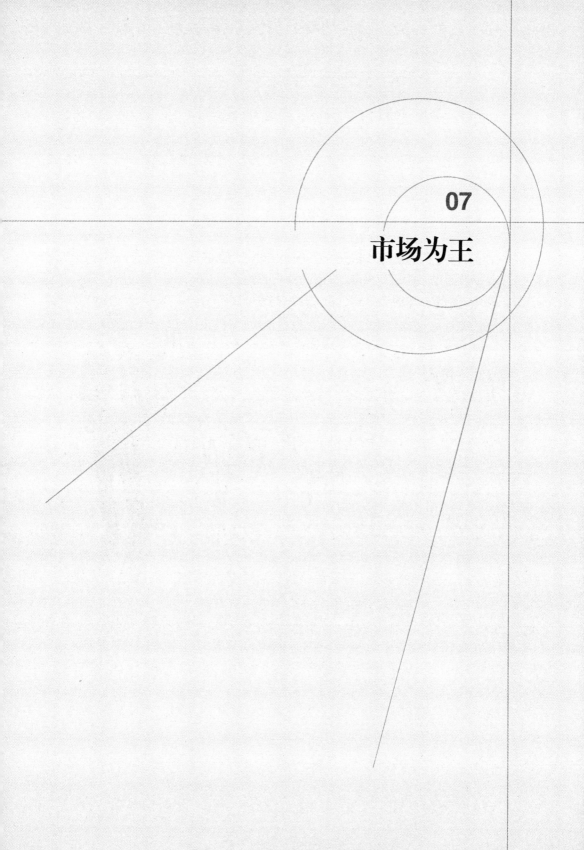

07

市场为王

如果历数世界范围内为计算机领域作出杰出贡献的人，英国科学家阿兰·图灵是重要的一位，他被称为"计算机之父"。他之所以获得如此殊荣，源于他在第二次世界大战期间的一项重要发明。

以阿兰·图灵为代表的一批数学家在布莱切利庄园发明了世界上第一台电子计算机，并将其命名为巨人计算机。巨人计算机是基于这些年轻的学者对于数学理论的创新应用。在第二次世界大战期间，巨人计算机被用来破解德国军事密码。

图灵曾开创性地提出："人的大脑好似一台巨型的电子计算机。"于是电子计算机才有了今天的名字——"电脑"。但是这位天才关于计算机的构想，却没有机会在本国变为现实。

第二次世界大战之后，图灵供职的英国国家物理实验室，认为图灵计算机在工程与技术方面过于困难，将其放弃。30年后的1981年8月12日，世界上第一款大批投入市场的个人计算机——IBM5150，由美国的IBM公司推出。这是计算机从实验室走向市场的重要一步。

计算机，这项源于英国的发明，最终随着个人电脑时代的到来在美国实现了产业化，并带动了软件业、信息技术和互联网等相关产业的飞速发展，塑造了美国在20世纪的经济腾飞。而这一切，离不开市场。

在人类历史上，激动人心的科学发现和重大发明数不胜数。但是如果没有市场这个放大器，这些伟大无法带来社会的进步与繁荣，无法增强现代经济的活力，更无法维持国家持续的大繁荣。

市场的浴火洗礼

清晨九点，位于美国西雅图市中心的派克市场，一家经营了百年的鱼铺，就这样开始了一天的交易。

每一条鱼的售出，都伴随着独特的仪式——鱼贩们的"飞鱼"表演，让顾客和路人驻足，在派克市场里上百家店铺中，这家鱼铺是最出名的，也是生意最好的一家。

这就是市场，让每个市场参与者，在一买一卖之间，实现着商品的交易，财富的兑现，价值的流转。市场是人类文明的一部分，同时它也主宰着今天的人类文明。

我们生活的世界里，市场无处不在，今天已经没有人能计算出市场上总共流通着多少种商品。从有形到无形，从实体到虚拟，无论形式发生着怎样的变化，市场联系着世界各地的每一个人，它成为了全球经济的晴雨表。

今天我们见到的所有创新，都是经历过市场筛选的。创新背后是更为复杂的、艰难地走向市场的探索，也是每一个新技术、新产品、新服务从幕后走向台前的过程，可以说，不经历这一步，就不能成为真正的创新。

人们必须拥有独到的见解、眼界去感知什么东西是会被市场接受的，是会被社会拥抱的，而什么不会，他们在多大规模上能够创新，能够进入一个新的市场，或者是跟现有的市场进行竞争。

（埃德蒙德·菲尔普斯　2006 年诺贝尔经济学奖获得者）

36 年前，当全球最大生物制药企业之一——安进公司刚刚成立的时候，"生物制药"还是一个非常新的概念。虽然伴随着 DNA 双螺旋结构的被发现，让利用生物活体、生物基因来生产药物成为可能，但这项技术还基本停留在学术论文和专业期刊中，它距离市场非常遥远。没有人知道这条路要走多久才能看到希望，甚至连公司的创始人兼 CEO（Chief Executive Officer，首席执行官），都没有答案。

公司成立不久，CEO 乔治·拉斯曼面临着一个巨大的市场机会。公司的科学家林福坤带领的研究小组，提出了一个在未来有可能造福许多病患，甚至改变生物医药史的课题——红细胞生成素的人工合成。

发明不会变成创新，除非发明被放到市场中被大量消费，被大量原来不知道自己需要这些应用的人消费。

——哈罗德·埃文斯
（《他们创造了美国》作者）

红细胞生成素是肾脏产生的，因此当患者患上慢性肾脏疾病（chronic kidney disease），红细胞生成素就会变少，因此导致贫血症。

（林福坤　安进公司科学家）

159

肾衰竭的人极其需要这种药物，因为他们的身体无法分泌红细胞生成素。我们认识到了这一点。我们知道可以通过某种方法制出它，注射到患者体中，就能治愈患者。所以这是一个很棒的市场机遇。

（丹尼斯·费顿　安进公司科学家）

就这样，林福坤团队开始了红细胞生成素的人工合成。如果研发成功，意味着慢性肾衰竭患者将获得希望，也将是安进公司推向市场的第一款药物。这是一个巨大的市场机遇，但是研发工作遇到的困难超出他们的想象，这种物质具有庞大的氨基酸序列，寻找和分离出它的基因，就好像要在汪洋大海里的亿万鱼群中，找出一条有特定性格的小鱼。

寻找创新的突破点，对于科学家来说可以日复一日，年复一年。而对企业家来说，意味着公司随时有可能陷入财务危机。

在公司一次研究成果阶段报告的会议上，林福坤又一次说到自己没有取得任何进展。虽然他工作得确实很卖力，但乔治变得很沮丧，说："如果这个项目还没有任何进展，我们就不能在这上面花钱了。"他设定了一个研究时间期限，一旦超

一个创新能取得成功，要经历万般磨难，也只有如此，才能创造巨大的市场价值。

过了这个期限，就意味着我们要开新的项目了。

（丹尼斯·费顿　安进公司科学家）

面临着项目将被砍掉的压力，科学家们夜以继日地工作，甚至住进了实验室。而创新，有时候不仅取决于付出多么巨大的努力，还需要幸运女神的一些眷顾。

在历史上，化学家凯库勒是在梦里发现了苯分子的结构；托马斯·爱迪生无意中从手上涂的油烟中，发现了一种灯丝；设计出空调的发明家开利，最初的想法只是为了调节空气的湿度；亚历山大·弗莱明因为忘记盖上一个皮氏培养皿而发现了青霉素。创新的偶然，为那些从无到有的创新，带来了更多不确定性。

1983年10月，就在两个月的最终期限即将到来时，这种偶然性降临在了安进公司的实验室。在检查一个DNA片段的图像时，林福坤小组有了意外的发现。

> 创新的偶然性，对企业来说既意味着机会，也意味着风险。

发现基因序列是在一个晚上，结果出来的时候，每个人都很兴奋，因为这不仅仅表明我们发现了基因序列，也表明我们发现了研究很多年的红细胞生成素基因序列。

（林福坤　安进公司科学家）

这只是一个开始，接下来的道路依然漫长，充满风险。历经了将近 10 年的研发和临床试验，1989 年 6 月，人工红细胞生成素终于获得美国食品药品监督管理局的批准，正式上市销售。上市销售的第一天，收入达 2 千万美元；上市后的两年时间，收入超过 5.8 亿美元。

这种药物的问世，为安进公司带来了丰厚的投资和回报，使其在市场中存活了下来。而更为幸运的是，安进公司创始人乔治的晚年，也是依靠这一药物缓解了病症。然而，不是所有的项目都像人工红细胞生成素一样幸运，在生物制药领域，大部分创新都没能走出实验室。

如果要进入这个市场，就必须做好准备，10 天里的 9 天都要面对失败，风险很大。但是在商业回报上来说，推出一种治疗重大病症的新药，所带来的回报是与风险相匹配的。要有耐心和足够的资源，并且需要有能力的团队。这样把所有资源集中到一起，最终才可能推向市场。

〔杰森·韦恩　安进公司高级副总裁〕

一个创新最终能否走向市场，需要有前瞻眼光的企业家，需要专业的研发人员，需要有资金的注入，还要有生产商的配合，制定严密的市场策略和推广活动……在这些复杂的过程中哪怕出了一丝差创新过程中，太多的如果，数不清的环节，在影响着创新的命运。

错，也有可能导致一个创新夭折。

在当今世界上，除了市场以外，又有哪种组织形式，可以对如此复杂又如此偶然的创新作出甄别、检验和评估呢？

市场就是消费者和科技工作者中间的一个大的桥梁。如果科技工作者的科技创新成果能够通过市场，那么消费者就可能接受它，如果市场不接受你，或者市场选择说你这个不行，我们没法生产，企业说我没有效益，那你的研究再好也没有用。市场的主体作用一定是最经济合理的，是配置资源最有效的方法。

（徐匡迪　中国工程院前院长）

在创新浪潮中覆没的商业大鳄

今天，每一秒都有创新在发生，每一秒都会有旧的技术被取代。我们生活中最常用的手机，成为了市场中拼杀最残酷的产业之一。在十几年的时间里，手机产业经历了一轮又一轮的竞争淘汰。当苹果和三星正在争夺头把交椅的时候，昔日的明星已经一个接一个黯淡离场。这就是市场，喜剧与悲剧共存，赞歌与挽歌同响。

芬兰首都赫尔辛基的卫星城艾斯堡，这里曾是诺基亚公司总部。诺基亚这个名字曾经享誉世界，它也曾因为在20世纪90年代，挽救了深陷经济衰退的芬兰，而被视为这个国家的象征。

然而，这位昔日手机行业的霸主，却在互联网时代来临时骤然陨落。

2013年9月3日，微软宣布收购诺基亚手机业务；2014年4月25日，诺基亚宣布完成与微软公司的手机业务交易，正式退出手机市场。一切似乎毫无预兆，它的离场，让人们唏嘘不已，心中充满疑问和惋惜。

....

我感到非常伤心，这是一个悲伤的故事。我对所发生的一切十分痛心。我觉得有可能会有其他的选择。

（兰特　诺基亚老员工）

....

距离芬兰首都赫尔辛基160公里，诺基亚就是在这样一个安静宁谧、与世无争的小镇起家的。

小镇有一条河流，这条河的名字叫诺基亚，1865年，一个名叫弗雷德里克·艾德斯坦的工程师在此开启了创业旅程，他给公司起的名字就叫诺基亚。从纸浆生产、橡胶加工到制造电缆，诺基亚的每一次自我颠覆，无不得益于创新的驱动力和灵敏的市场嗅觉。1979年，涉足移动通信领域的诺基亚，看准了这片潜在而巨大的市场，十年后，诺基亚做

诺基亚的陨落告诉我们，企业不紧跟市场，必然会被市场淘汰。

了一个大胆的决定，舍弃所有传统业务，只留下手机业务。

我在 1994 年加入诺基亚，在那些岁月中，我很庆幸自己成为了团队的一员，创造全新的事物。作为行业的绝对领导者，诺基亚在很长的时间里或许太过安逸了，也或许曾高傲地审视其他的竞争者。

（兰特 诺基亚老员工）

诺基亚总部大楼

这片占地面积近五万平方米的总部大楼，建于20 世纪 90 年代，正是诺基亚开始腾飞的时候，这里见证了诺基亚成为芬兰第一家全球性大公司的历程。从 1996 年开始，诺基亚手机的市场份额曾连续14 年蝉联世界第一。伴随着"科技以人为本"的广告语，它成功地让诺基亚的铃音响彻这个星球的各个角落。

就在它如日中天的时候，9000 公里之外，一

一个企业缺乏足够分量的市场竞争对手，必将被市场淘汰。

家之前从未涉足手机业务的公司，向诺基亚发起了挑战。2007 年，苹果公司发布了 iPhone。凭借着全屏触控和应用程序系统，iPhone 重新定义了智能手机。

创新并不是代表要发明一个新东西，而是去定义文化趋势。苹果没有发明电脑，或者平板，或者其他任何 iPod 里面的核心科技，但是它把这些科技结合到一起，融合得更好。

（巴里·卡兹　斯坦福大学教授）

作为当时全球最大的手机制造商，诺基亚并没有把这家来自硅谷的公司放在眼里，在 2009 年的一次采访中，诺基亚的首席战略官提出，iPhone 将会一直是小众市场。

而就在说这句话的时候，诺基亚的生命时钟已经被调快了，两年后，保持了 14 年的桂冠落下帷幕，而取代诺基亚成为全球最大手机制造商的，是一家来自韩国的公司——三星。那一年也标志着手机不再是电信设备生产商的天下，与诺基亚同时代的巨头们，那些曾经被市场造就的企业，正在逐渐退场，一个时代就此终结。

运营一个科技公司就像在跑步机上跑步一样，你不能控制跑步机的速度，跑步机的速度是根据这

创新并不代表要发明一个新东西，而是去定义文化趋势。

个世界发展的速度来变化的。

（内森·梅尔沃德　高智公司创始人）

很多时候新的技术来自于那些并非传统的竞争者，因此生产旧技术的公司很少关注他们，而当这一切真的发生时，持有旧技术的公司没有任何反应的机会，而他们的产品可能一夜之间失去价值。

（拉里·唐斯　《大爆炸式创新》作者）

在创立诺基亚公司的小镇，人们为了纪念它曾经的成就，将这里命名为诺基亚小镇。如同世间所有的生命一样，再强大的企业也无法脱离生老病死的规律，都终有淡出历史舞台的那一天。

在市场中，这样的故事反复上演：称霸全球摄影行业近百年的柯达公司，因为迟迟不愿影像数码化而落后于市场，最终只能宣告破产；20 世纪 80 年代世界上最大的字处理机生产商，曾经显赫一时的"王安电脑"，也倒在了快速发展的电脑科技之下；就连苹果公司也曾在市场的海洋中触礁，于 90 年代生产的苹果牛顿掌上电脑，因为不符合当时的市场需求，最后也只能以停产惨淡收场。

创新是一个推陈出新的过程，创造性地再造了市场生态。

新旧更替，推陈出新是市场的自然规律，经济学家熊彼特在一百年前就开创性地提出，创新本身就是一个创造性破坏的过程，它塑造了市场的活力，带来人类社会持续不断的繁荣。市场是残酷的，也是公平的，在这里初创公司有颠覆行业的可能，每个新来者有平等竞争的机会。

我们年轻，我们没有钱，我们在银行没有存款账户，我们也没有一个吸引人的可以运行的产品，基本上什么都没有。我们为了几百美元出售自己最有价值的技术。我们也没有商业经验。

我们没有在学校进行过培训，我们也没有在任何公司或者任何商业行业有过头衔。我们基本上算是无名小卒。

（斯蒂夫·沃兹尼亚克　苹果公司联合创始人）

没有任何人会因为你的年龄，你来自于哪个地方而对你有任何的疑问。这里边唯一的衡量标准就是说你是不是真正地能够做到，把你的想法变成一家很棒的公司，做到真正的创新。

（熊逸放　亿航科技联合创始人）

硅谷：创新的传奇

正是市场的魅力，让一个又一个诞生于车库的梦想，转变为财富的神话，这些神话极高频率地出现在一个地方，又共同塑造了这个地方——它就是位于美国加利福尼亚州的硅谷。只有 800 平方公里的面积，但它的 GDP 甚至超过很多主权国家；它不只是一个地理概念，很多人认为它就是创新的代名词。但是，又是什么塑造了硅谷的强大呢？

硅谷四色自行车

由红黄绿蓝四色构成的自行车，是硅谷的一个重要标志。我们知道谷歌公司的总部就位于硅谷，只要互联网存在的地方，就有谷歌的踪迹。今天全球市值最高的谷歌公司，是一个纯粹市场经济环境下诞生的传奇故事。

1998 年，斯坦福毕业生拉里·佩奇和塞吉·布林以每月 1700 美元的租金租下了位于门罗帕克市圣·玛格丽塔大街 232 号房屋的这间车库，开始了他们的创业历程。

面对毫无商科背景的学生，仍停留在想法阶段的创业项目，斯坦福大学的大卫教授，当场写下了 10 万美金支票，成为了谷歌的天使投资人。

1999 年 2 月，在通过为企业内部提供搜索服务有了一些营业额后，谷歌从车库搬走并寻找新的办公场所，他们来到了硅谷的核心地带——斯坦福大学附近。大学路 165 号的这栋建筑，是伊朗亚美迪家族的房产，由两兄弟掌管，在以传统地毯业起家的房东看来，这个新房客所做的事情既神秘又陌生。

我对拉里·佩奇的第一印象是，他是一个非常安静、内向的人。我并没有看到他身上的商业能力。

（大卫·切瑞顿　斯坦福大学教授、谷歌天使投资人）

谷歌租用了一层楼

刚开始的时候这里是我们自己的办公室，后来谷歌租用了一层楼，当时大约有 50 人在这层楼日夜工作。

（拉西姆·亚美迪

硅谷 Plug and Play 科技孵化加速中心董事长）

当我们第一次与谷歌创始人见面的时候，当他们决定租下我们的房子的时候，我们并没有想到，他们会成为全球最大的企业，但我们彼此都清楚，他们正在做一件了不起的事。

（拉西姆·亚美迪

硅谷 Plug and Play 科技孵化加速中心董事长）

以当时谷歌的规模来看，他们并不能承受价格高昂的办公区的租金，但房东还是抱着尝试的心态，同意以较低的租金将办公室租给谷歌，但有一个条件，换取谷歌的少量股份。吸引房东的，正是谷歌未来有可能的影响力。

几个月后，借着互联网兴起的东风，谷歌从两家最大的风险投资公司获得了两千多万美元的投资。而大学路 165 号这栋建筑，也因为走出了谷歌、贝宝等众多硅谷的明星公司，而被人们称为硅谷最幸运的建筑。

硅谷 165 号建筑

这些因为创新而连接起来的陌生人，这些看似幸运的巧合，为什么会频繁地出现在硅谷呢？

市场造就的创新生态

从理念的出现，或者实验室中有一个新发现，到他们成为市场产品，最初提出这个理念的人不一定是发展出原型的人，发展出原型的人不一定是制造出最终产品的人，而发展出最终产品的人也不一定是将产品投入市场的人。这是一条完整的活动供应链。

〔艾伦·巴瑞尔 剑桥大学商学院教授〕

在创新生态体系中，创新链条上的每个利益相关体，都在朝着他们所希望的方向前进，这些力量相互融合产生的无限可能性，给个人、产品、技术、生活带来的发展和变化，远非单个个体的努力所能达成的结果。而当这些人聚集在一个能够滋养这份力量的土地时，这个地方，便成为了美国的发动机，也有可能是世界的发动机。

"总体来讲，硅谷地区是一个自由竞争的地方。对一些快死掉的企业只能是淘汰，政府不会管，比如像太阳公司，曾经很辉煌，几万会员，快死掉时政府不会说，是不是会产生几万人失业，政府不会想这个，自然被淘汰掉了，最后被甲骨文收购了。为什么呢？就把这个资源留出来给发展更新、更快

在自由市场中，创新链条上的每个利益相关体互相融合所带来的无限可能性远远超过了单个个体的努力所能达成的结果。

适应市场淘汰规则的企业才能在市场的残酷竞争中生存下去。

172

的公司来使用。"吴军在接受采访时描述了硅谷的自然生态。

硅谷的小企业相互竞争，一些成功，一些失败，创造了一个动态、随性的企业环境。

（皮埃罗·斯加鲁菲 《硅谷百年史》作者）

今天硅谷已经成为全世界寻找创新的模板，各国政府都希望可以借鉴硅谷，塑造本国的硅谷。然而，硅谷却不是政府计划的产物。这里是一个企业自生自灭、自我生长、自我修复的地方，这里相信市场，尊重市场。学会适应市场的残酷，已经成为每个新来者的必修课。

一家名为YC的初创企业孵化器，因为造就了众多市值超过10亿美金的初创企业，而被称为硅谷的"明星孵化器"。它的成功吸引着全球创业者，但是，这些创业者来到这里的第一天，学习到的却是如何面对死亡。

他们每天考虑的都是存亡问题，即使你demo day（演示日）之后，拿到了很多很多钱，几百万美金，几千万美金，也不代表你真正的创业胜利，99%的初创企业会死掉，我们就是在博那1%。

（吕聘　YC孵化公司渡鸦科技创始人）

初创公司的挑战就是，大多数时候，他们都会失败，但真正成功的时候是非常成功的，你必须要相信他们。非常好的理念，在一开始的时候总感觉比较糟糕。Airbnb 一开始的时候听着就是一个糟糕的观点，但现在却成了一个数百亿美元的公司。

（萨姆·阿特曼　YC 孵化器首席执行官）

在硅谷，创新的过程是一场与死亡的赛跑。在 60 年的时间里，伴随着企业的沉浮，产业的更迭，正是有接力棒的交接才能让硅谷走得更远，持续不断地创新。

冲出体制，走向市场

自从市场诞生以来，人类试图去掌控市场、限制市场的力量就一直存在。

索尼第一款晶体收音机

位于日本东京的索尼博物馆，陈列着索尼第一款晶体管收音机，而它的问世却承载着索尼创始人盛田昭夫的遗憾。第二次世界大战结束后，来自美国的晶体管技术吸引了盛田昭夫，借助这一技术，就可以制造出袖珍型收音机，迅速占领电子消费市场。然而，晶体管技术的引进，却遭到日本政府干预经济的职能机构通产省的阻碍。几个月后，当通产省终于予以批准的时候，一家美国公司已经提前将晶体管收音机投放了市场，索尼错失最佳时机。

通产省对企业微观创新活动的干预，严重影响了企业的技术创新活动。20世纪60年代，本田从摩托车领域进入汽车领域就曾受到通产省打压，本田不懈地坚持才进入汽车产业领域；索尼在家用录像机的标准上也受到了通产省的打压，最终，不得不放弃在家用录像机市场上的竞争。通产省一般只支持那些已经具有技术和市场优势的企业，这使得破坏性的创新在日本几乎成为不可能。

人们都说日本会掌控整个世界时，我却断言日本开始步入长期的经济衰退。问题就出在，日本人不愿意放松对经济的管控，不愿意让经济进行自我管理。他们必须时刻调控经济，即使公司状况恶化也不让其享有自主权，他们要让所有的船只保持相同的速度前进。这个理念太古旧，不敢相信他们依旧不愿对经济松手。

（约翰·奈斯比特　未来学家、《大趋势》作者）

....

今天，在全球创新排行榜上排名靠前的，几乎都是市场化程度高的国家。北欧诸国借助开拓全球市场，在资源贫乏的土地上打造了世界最富裕的国度。以色列拥有中东地区最为完善的创业生态链，被誉为创业的国度。在英国伦敦，科技企业聚集的"硅环"，成为全欧洲风险投资活跃度最高的地区。而在全球创新排行榜上始终名列前茅的亚洲国家韩国，以市场经济为主导的策略更是造就了三星、LG等世界级创新公司。

而中国也正在寻找这样的创新之路。深圳，作为改革开放后最先市场化的城市，其市场化程度让它和硅谷有着相似的气息。

....

深圳原来是个渔村，一开始的时候，去深圳的人都是有冒险精神的人，都是丢得起饭碗下海的。总体上讲，深圳的条件比较宽松，政府不是尽量管的全，是尽量少管，就是说要有一定宽松的条件才能放水养鱼。

（徐匡迪　中国工程院前院长）

....

深圳的面积只有北京的1/8，相比北京上千年的历史，深圳只是近四十年来才有了城市的样貌，而今天，它已经和北京、上海一样，拥有国际大都市的身份。经过改革开放三十多年的发展，深圳，成为中国市场化程度最高的城市，小政府的观念，塑造了这片土地的创新生态环境。来自天南海北的移民，成为了这座城市的主人，在这里实现着他们的创新梦想。

2006 年的冬天，我在梧桐山上，那个时候北京已经是寒风凛冽，白雪皑皑了，这个梧桐山面朝大海，背靠青山，四季花开，我觉得这是不是我的归宿呢？

（汪建　华大基因联合创始人、董事长）

2006 年，对于汪建来说，是面临着艰难抉择的一年。此时他已经在中科院系统内工作了十余年，并负责完成了一项重要工程——代表中国承担人类基因组计划中国部分的测序任务。

人类基因组计划在 1985 年由美国科学家率先提出，要把人体内约 2.5 万个基因的密码全部解开，同时绘制出人类基因组的图谱，被誉为生命科学的"登月计划"。中国于 1998 年加入这一计划。

但是身处体制内的汪建，却发现非市场化的环境，成为了前沿领域实现技术突破的一大阻力。

整个技术没有太大的变化，没有突破，学术上的争议依旧存在，我们在体制内要做大的突破也有很多限制，那在北京有争议的情况下，实现不了的情况下，那我们是不是找一个能支持这种创新想法，能支持这种创新做法的地方来做，所以我们辗转来到了深圳。

（汪建　华大基因联合创始人、董事长）

2007 年，汪建离开中科院，南下深圳开启了一个新的里程。

那时候我们都五十好几了，辞掉那个所谓有局级行政级别的公职，来到祖国的边疆，也是一个人生很大的改变与挑战吧。

（汪建　华大基因联合创始人、董事长）

深圳市盐田区北山工业区的一个厂房，是汪建参与创立的华大基因总部。2007 年，没人能看懂这些厂房里在发明什么，在生产什么。基因工程，离当时的大部分中国人还很遥远。华大在深圳的出现并没有引起人们的关注，而深圳提供的是一个自由的市场。

华大基因总部

既然进入市场，就要适应市场规则。

随着基因技术产业化日益成熟，市场竞争也日趋激烈。国外几家主要仪器商纷纷转型进入技术应用领域，并把业务拓展重点瞄准中国市场。他们同样掌握着基因测序技术，而且还拥有中国企业没有的核心仪器设备研发制造的优势。这一点，成为打压下游企业，尤其是中国本地企业的一大利器。

没有永远的友谊，只有永远的利益。

我们跟美国的合作者变成竞争者。那个竞争者它不给我们卖新仪器，不给我们修老仪器，把我们消耗材料费用升得高高的。那我们扛洋枪打洋仗，这个仗怎么打啊，没法打。所以我们要走一条完全自主的创新道路。

（汪建 华大基因联合创始人、董事长）

为摆脱困境，华大基因决定反向收购上游公司。2013年，华大基因展开对当时美国纳斯达克上市的基因测序设备开发商和制造商 Complete Genomics 公司的全额收购。这是世界历史上第一次中国私营公司发起对美国上市公司的收购，也正因为如此，收购过程异常艰难。

两公司合并最主要的难度不在于两家公司，而是在于那些会影响交易的因素。其中一个就是我们需要美国政府允许此次并购。他们从没见过美国的基因测序公司被国外企业收购。

（克利福德·A.里德　CG 首席执行官）

当时有很多的疑虑，最典型的就是"中国威胁论"，打断了它（美国）的源头、创新和牵涉到生物安全，当然也有竞争对手在后面阻挠，也有一些狭隘主义者等等，但是你想想也只能一笑而过了，那是一个商业竞争。你要创新，你要引领，你要全球拓展，这是必然的结果。

（汪建　华大基因联合创始人、董事长）

华大基因为了这次并购不惜一切。经过长达九个月的评估，收购才终于尘埃落定，而此时筋疲力尽的汪建已经来不及感受收购之后的喜悦了。

拖延了六个月，多花了三千多万美金，我们差点儿饿死了，差点儿破产了。

我就想输了就输了，输了我也赌了一把大的，拿两亿人民币去打了一个水漂，漂得全世界都在看，虽然那时候是我们全部的家当，那就重来呗。

（汪建 华大基因联合创始人、董事长）

冲破体制，走向市场，让企业焕发创新的活力。

在竞争激烈、瞬息万变的市场中，一家企业要去探索未知的领域，依然面临着未来的不确定性，但自从选择离开体制的那天开始，就意味着要接受市场的残酷。而对于当今的中国，创新的活力也催生于市场经济的环境之下，腾讯、华为、大疆、小米……企业越来越成为引领中国创新的主体。

我们说企业是技术创新的主体，首先是确定它的研究目标的主体，它应当同时是研究开发投入的主体，组织管理的主体和市场开发的主体，当然也是它所产生的价值、获得价值的主体。

（徐冠华 科技部原部长）

市场经济就是一个创新的经济，或者是一个创业的经济，因为创新创业是跟每个人息息相关的，而且你要让市场承认你，你必须要标新立异，你必须要与众不同，你必须要独树一帜，这样的话，创新实际上跟我们现在这个文化是一个新的突破，也是一个飞跃。

（王辉耀　中国与全球化智库理事长）

　　在美国加利福尼亚州帕洛阿尔托市市中心，钱宁街和爱默生街的街角处，有一块不引人注意的石匾，上面写着：电子研究实验大楼。这是原联邦电报公司的实验室与工厂旧址所在地，也许是硅谷唯一一个百年以上的历史遗迹。

硅谷的电子研究实验大楼

　　在这里诞生了第一款真空管扬声器，催生了电子时代，促进了无线电通信、长途电话、雷达以及电视的发展。但是今天这家公司已经消失在人们的视野中。有人说硅谷从不怀旧，过去的成功与失败、曾经的辉煌与成就，都随着不断涌现的新公司、新科技、新模式不断清零，每天都意味着新的一天。

市场中，没有永远的王者。正是在生死成败之间，造就了持续的繁荣与创新，将人类带入超越想象的未来。

市场中，没有永远的王者。

资本之翼

每年 5 月，在美国小镇奥马哈举行的伯克希尔·哈撒韦公司股东大会，是许多投资者的朝圣之旅。

伯克希尔·哈撒韦公司的创始人——沃伦·巴菲特，这位快九十岁的老人，有着 60 年的投资经验，他是唯一通过投资成为世界首富的人。但是，虽然坐拥 600 多亿美元净资产，巴菲特却从不涉足高科技领域，面对这种风险与回报都极高的投资，巴菲特是谨慎的。巴菲特如是说："这方面并不是我的强项。我更加偏向于没那么令人激动的行业，例如食品、交通、保险，这类我更为理解的行业。高科技产业也有很多很好的公司，只是我并不了解它们。"

风险就像是投资的影子，与生俱来，难分难离。而在创新领域的投资，风险只会更大。科技领域比任何行业都充满未知，这里日新月异、风云莫测。下一个颠覆者在哪里，没人知道。

1999 年，巴菲特在《致股东信》中写道："即使我们不得不承认，它们所提供的产品与服务将会改变整个社会，但问题是，就算我们想破头，也没有能力分辨出在众多的高科技公司中，到底哪一些拥有永续的竞争优势。"

那么，谁会冒着巴菲特都不愿承受的风险，去追逐创新领域更大的利益？他们是什么样的人？他们在哪里？

资本引领创新的力量

　　巴克餐厅位于美国硅谷门罗公园内，它是硅谷最出名的餐厅之一，而它的名气并不是来自美食。成立 25 年来，这家餐厅见证了硅谷的创新历史，成就了数以千计的创业传奇。

巴克餐厅内景

　　还在 20 世纪 90 年代的时候，网景就在这里召开初期的会议，贝宝是在这里创建的。几百个公司，可能是几千个公司都是在这里达成了协议，年轻的企业家们拿到了第一笔资金。

（詹姆斯·麦克基文　巴克餐厅经理）

　　网景、雅虎、贝宝、特斯拉，这些硅谷传奇公司，都是在巴克餐厅获得了资本，从而开始书写自己的辉煌。这家餐厅的传奇色彩来自这些食客们，

他们也许是企业家、科学家，也许是投资家。正是他们的结合，让创新插上了资本的翅膀。

从历史到今天，几乎每一个改变世界的梦想背后，都有资本的力量存在。14世纪，文艺复兴拉开了近代欧洲史的序幕，在达·芬奇、拉斐尔、米开朗基罗这些如雷贯耳的艺术家背后，是来自犹太银行家——美第奇家族的资本；15世纪，西班牙和葡萄牙开启了地理大发现，与哥伦布一起去往美洲大陆的，除了他的船员，还有来自西班牙女王的巨额资本；17世纪，荷兰人建立了世界上第一个股票交易所，强大的资本市场奠定了荷兰"海上马车夫"的地位；18世纪的英国，当资本与技术第一次大规模地结合到一起，带来的震撼效果波及整个世界，从此改变了世界运行的规则。

伦敦科技博物馆中的瓦特蒸汽机

在英国伦敦科技博物馆，瓦特发明的蒸汽机被摆放在最重要的位置。这个被人们视作英国工业革命象征的装置，却并不是始创于瓦特。1702 年前后，第一台原始的蒸汽机由托马斯·纽科门制成，但耗煤量大、效率低，并不适合当时英国的工业需求。

蒸汽机一开始是用来干什么的呢？是用来从矿井中抽出地下水的。这里创新就出现了，有人遇到了需要科技来解决的大问题，有人是聪明的技术人员，而当这些人开始合作，通常是在实验室里，创新就出现了。

（理查德·海格特爵士　麦肯锡前合伙人）

1764 年，英国的仪器修理工詹姆斯·瓦特注意到了纽科门蒸汽机的缺点，他开始对它进行一系列改进，但瓦特并不是孤军奋战。1768 年，一位名为马修·博尔顿的英国五金工厂主，看到了这项技术的前景，他决定卖掉自己的工厂，与瓦特结成事业上的伙伴关系，为昂贵的实验和模型筹措资金，倾其所有精力和财力，帮助瓦特使其蒸汽机梦想成为现实。

博尔顿原来相当于我们的一个温州老板，他把自己做五金的产业都关掉，拿这个钱来全力地支持瓦特做这个蒸汽机，当然这两个人后来都非常富有，而且他们的子侄也继承了他们的产业。瓦特、博尔顿这些人在英国，当时的英国形成了一个风

190

尚，就是谁掌握了技术，很受社会尊敬。

（吴军　学者、《浪潮之巅》作者）

技术的创新能够开启一个全新的时代，但其需要资本的合作与支持。

技术与资本的结合，撬动了瓦特蒸汽机的运转，而蒸汽机的强大动力，彻底改变了世界的容貌。伴随蒸汽机的改进和广泛应用，纺织、煤炭、冶金等近代工业兴起，促使了第一次工业革命的爆发。整个英国因生产效率大幅提高而迅速崛起，在强大的经济实力、科技实力和军事实力的支撑下，英国成为"日不落帝国"，成为人类历史上第一个称霸全球的大国。

瓦特和博尔顿，这一对最佳合伙人，携手开启了一个新的时代。他们的头像被共同印制在 50 英镑的纸币上，今天仍然流通于世。

50 英镑纸币

科技与资本的相遇，在 18 世纪、19 世纪带来了众多全新的发明和生机勃勃的产业：美国资本家罗伯特·列文斯顿与发明家富尔顿的相遇，带来了世界上第一艘蒸汽机轮船；来自荷兰的范德比尔特家族，将美国铁路系统推上全新的巅峰；富可敌国的洛克菲勒家族开启了石油的黄金年代；而在 19 世纪末，银行家皮尔蓬特·摩根注资托马斯·爱迪生的电力公司，开启了电气时代，第二次工业革命爆发。

从发现新大陆，助力工业革命，创新离不开资本。这些跨时代的创新，为投资者们带来丰厚的回报，激励着后来者愿意冒更大风险。进入 20 世纪，资本和创新的结合更为紧密。更多人开始把目光投向了全新的、充满潜力，但也有极高失败风险的产业中来。

风投成就的创新神话

硅谷唯一遗留下来的果园

美国硅谷中唯一遗留下来的成规模的果园，反映了硅谷在一百多年前的真实样貌。当时，这片位于美国加州北部的圣塔克拉拉谷地，仍属于经济不发达地区。因为天然的地中海气候，这里形成了加州重要的农业产区，并成为世界上最大的水果生产和加工区。当地人称这里为"心灵欢乐之谷"。

如果在一百年的时间里，硅谷没有诞生那些改变世界的创新公司，没有历经产业的转型，那么，现在这里也许仍是一片田园风光。

而半个世纪后，半导体产业的出现，催生了硅谷，也定义了硅谷。

硅谷建立的基础笔记本

许多人都称之为硅谷建立的基础。因为这些笔记本真实地记录了他们在做的事、他们处理事件的方法、他们遇到的挑战，以及他们是如何应对的。

（大卫·劳　计算机历史博物馆历史专家）

仙童半导体公司虽然现在已经消失在人们的记忆中，但它却是最早塑造了"硅谷"的公司之一，它的成立也是硅谷最早的风险投资故事。

"八叛徒"——仙童半导体公司创始人

1957 年，八位年轻科学家正准备集体跳槽，离开他们的老板——被称为"晶体管之父"的诺贝尔奖获得者威廉·肖克利。但是，他们联系了四五十家公司，却没能找到一个新的雇主。在众多跳槽信石沉大海的时候，其中一封信却到达了四千公里之遥的美国东海岸——纽约。

纽约是美国最现代化的大都市。这里有全世界规模最大的股票交易市场，作为美国证券业的大本营，全世界的资本都流向这里。

1957 年，正当华尔街的交易员们忙着买卖传统行业股票的时候，位于华尔街不远的海登·斯通投资银行，一个名为阿瑟·洛克的分析师，收到了八位科学家寄来的那封跳槽信。

　　洛克这个人对这种新技术很感兴趣，一看这儿
有八个人，居然会做半导体的晶体管，他就找到他
老板说这八个人很有意思，咱们要去跟他们聊一聊，
一开始也不知道能做什么事，所有的法律文件都没
带，甚至连一张纸也没带，聊完以后，其中有一个
人就掏出了一张一美元的钞票，说如果我们同意一
起来做这件事，每个人就在这个钞票上签下名字。

　　　　　　　　　　　　（吴军　学者、《浪潮之巅》作者）

有签名的一美元钞票

　　正是这张普通的一美元钞票，因为见证了美国
东部银行家和西部科学家的结合而变得意义非凡。
而这次非正式见面，成就了硅谷风险投资的开端。
在洛克的劝说下，八个年轻人不再寻找新的雇主，
而洛克答应帮他们找钱、找资本。

　　谢尔曼·费尔柴尔德（仙童），家境非常富有，

当洛克找到他的时候，虽然他本人不是发明家，但是对科技非常感兴趣。费尔柴尔德（仙童）制造过很多不同的照相设备，因此他明白，这个技术很有趣，并对这八位想独立创业的科学家深感同情。他给了他们资金，让他们开仙童半导体公司，作为费尔柴尔德（仙童）家族企业的一部分。

〔皮埃罗·斯加鲁菲　《硅谷百年史》作者〕

与 18 世纪、19 世纪科技与资本的结合方式不同，在仙童半导体公司的诞生过程中，出现了一个新角色，即洛克所代表的风险投资家，他们把从资本家那里筹集来的资金，注入看好的创业型企业中，换取部分企业股权。这就意味着，他们与创业者成为利益共同体，他们是创业者与资本家之间的重要纽带。

企业股权成为现代创新者与资本家之间的重要纽带。

1957 年年底，就在仙童公司成立不久之后，美国开始了与苏联的太空竞赛，这场创新竞赛的背后，也成为科技公司崭露头角的新舞台。

这是一个建立高科技公司非常有利的时机，我们可以看到这里就是一枚迷你导弹，是为美国政府制造的，这枚导弹需要使用很多小型计算机进行控制，在硅晶板上面有着很多的硅晶体，电阻器还有其他的一些器件，而其中一个新的部分就是一种新型的硅晶体管，这是由仙童公司研发的，所以即使那时候仙童公司还是一个不知名的小公司，很普通，但是它提供的产品还是被用于制造这枚导弹了。

（大卫·劳　计算机历史博物馆历史专家）

晶体管

仙童公司用"硅"这种材料生产出更抗震、更耐高温，而且运行更加良好的晶体管，伴随着硅晶体管的广泛应用，半导体产业取代了传统农业，重新定义了这里。1971年，一位记者在一篇报道中，首次使用了"硅谷"这个词，一个赋予现代气息的新名字出现了。此后，硅谷的半导体业又衍生出微处理器，从而诞生了个人计算机，计算机的出现推动了软件业，软件业又带动了此后互联网和移动互联网的发展。

虽然仙童半导体公司没能伴随着这些变革进入下一轮辉煌，但是正如乔布斯所说："仙童就像个成熟了的蒲公英，你一吹它，这种创业精神的种子就随风飘扬了。"而对于硅谷来说，仙童公司不仅是企业家的摇篮，它也开启了科技与资本结合的新探索——风险投资家逐渐从传统银行业分离出来，形成一个人群、一种新的投资门类。

追溯到 20 世纪 60 年代，第一代风险投资家，起源于银行业，但是对于科技创新的东西，他们没有概念。没办法计算将会使用技术的人数，所以银行很难贷款给新型科技的初创企业，非常难。这是新的事物，之前没有人做过。所以，这其实是两种完全不同的思维模式。

（皮埃罗·斯加鲁菲 《硅谷百年史》作者）

在太平洋的西岸，近半个世纪后，风险投资开始在中国悄然兴起。一群海外归来的投资人，他们带着资本推动创新的理念，在这个新兴国家寻找着机会。但在当时，对于大部分中国人来说，风险投资这个概念是非常陌生的。

风险投资家闫焱说："像我开始在中国做投资的时候，所有人认为我是最典型的皮包公司，为什么，你告诉人家你有钱，别人也见不着，你既没办公室，也没房子，也没地，到哪儿去就背一个包，一个大计算机，那时候最早连手机都没有，因为那时候就是大哥大，只有土豪才有，所以大家都觉得，你不就是一个皮包公司吗？"

对于 20 世纪末的中国，风险投资还是一个新生

一个银行家的创新性思维，缔造了一个全新的行业。

事物，但是一个新的时代正在迅速展开，无数的可能、无数的机遇都将在这片土地上碰撞。

1998 年 11 月 12 日，马化腾和四位合伙人在一间狭小的办公室里，创办了一家无线网络通信公司，并将其命名为——腾讯。

一只闪动的企鹅，成为这家公司的第一个产品与标志，同时也开启了一代人的互联网社交生活。然而，在腾讯成立后不到一年，公司却因为资金紧张，面临着倒闭的危险。就在腾讯的账上只剩下一万元现金的紧要关头，他们接触到了中国的第一批风险投资家。

当年我们投腾讯这样的一些公司的时候，全中国的互联网用户不到 2000 万，怎么挣钱，没人知道怎么挣钱。但是为什么我们敢投，因为我们在美国挣过钱。

（熊晓鸽　IDG 资本创始合伙人）

1999 年，熊晓鸽的 IDG 资本为腾讯提供了 110 万美元的第一轮融资，解了其燃眉之急。一年后，中国互联网用户数在半年内翻了将近一番。互联网的浪潮，开始以惊人的速度席卷中国大地。曾经那笔为腾讯成长风险买单的投资，也变成了实实在在的回报。

今天，中国最大的几家互联网公司，都是在

1998 年到 2000 年之间，拿到了他们创业后最重要的一笔投资。刚刚进入中国的风险投资被互联网所成就，而资本也同时成就了互联网时代。

风险投资，成为创新生态中的重要一环，科技与资本，从此如影随形，互相成就。

中国的投资可能是全球第二大市场，因为风险投资里面最热门的东西是互联网，而中国是全球最大的互联网市场，尤其是移动互联网，所以这也是为什么中国风险投资这么活跃的原因之一，就是你有最大的市场在这儿。

（闫焱　风险投资家）

资本的嗅觉，创新的灯塔

美国百老汇

在整个风险投资链条中，走在最前端、最先承担风险的，往往被称为"天使投资"。这个名字的起源却不来自投资行业，而是诞生在歌舞剧的天堂——美国百老汇。

20世纪初，音乐剧的投资高昂，更加残酷的是，每五部新剧中仅有一部能够盈利，但这一部剧的成功足以覆盖其他投资的损失。对于那些充满理想的演员来说，这些赞助高风险创作的富有投资人，就像天使一样从天而降，使他们的美好理想变为事实。而今天，对于全世界的创业者来说，依然期待着天使的降临，可以让他们的梦想变为现实。

大卫·切瑞顿是斯坦福大学计算机系的教授，1998年，他投出了人生中的第一笔天使投资——用一张10万美元的支票，投资了两个因为创业而陷入财务危机的斯坦福学生，18年后，这家公司为大卫教授带来了超过10亿美金的财富。而这家公司就是谷歌。

事实上当我第一次在谷歌上搜索时，我在上面输入的是"加拿大汇率"，结果令我非常惊喜，他们想将这项技术许可给其他一些公司。针对许可这件事他们来征求我的意见，我说，我认为许可是不行的，因为它是你的孩子，你必须抚养它。

〔大卫·切瑞顿 斯坦福大学教授、谷歌天使投资人〕

在市场还没有发现谷歌价值的时候，大卫教授却看到了属于未知世界的价值。他用自己的个人财

富，不仅是在投资两个学生的创业梦想，也是在投资未来。

不久后，凭借独有的运算法则，谷歌从根本上改变了网络搜索的方式，建立了第一个高效快捷、有秩序的搜索引擎，此后它赢得了众多风险投资人的追捧，并在2004年成为美国历史最大的首次公开募股之一。

．．．．．．．．．．．．．．．．．．．．．．．．．．．．．．．．

我认为有机会发展的领域就是，客户没有提出要求，并且不存在。他们往往只是要求对已经存在的东西的改善。

他们说，你有一匹马，你能让这匹马跑得更快吗？你能让它更大吗？他们不会说，你能给我一辆自动驾驶的汽车吗？因为根本就不存在。

〔大卫·切瑞顿　斯坦福大学教授、谷歌天使投资人〕

．．．．．．．．．．．．．．．．．．．．．．．．．．．．．．．．

凭借对未来的判断力和眼光，大卫通过投资谷歌成为全世界最富有的教授之一。今天他依然没有离开工作了三十多年的斯坦福大学，相比职业投资家，他更乐于做一名天使投资人，投资学生们超越已知世界的创新，投资对于未来的想象。

在硅谷，活跃着众多像大卫教授这样的天使投资人，他们也许有着不同的职业身份，但只要拥有财富，只要愿意冒险，都可以成为创业者的"天使"，帮助他们的创业想法变为现实。

资本对市场的嗅觉，对未来的判断力，就像大海中的灯塔，指引着创新前行的方向。

在一天之内，我可能会和一百家公司谈论一百件不同事情。

大部分时候都是，我们坐下来单独与初创公司谈话，谈他们的问题以及他们应该如何解决。

（萨姆·阿特曼　YC 首席执行官）

我们努力赋予他们毅力，因此当他们创建一个新公司的时候，并且不太受欢迎，他们需要坚持下去，不断尝试，直到获得成功，将他们的理念带到生活中。

（提姆·德瑞普

德丰杰合伙人、德瑞普英雄学校创始人）

今天在全世界，天使投资人活跃的地方，也是孕育更多创业团队和未来企业家的创新高地。

中关村创业大街

北京中关村创业大街，成立于 2015 年 6 月 12

日。现在它已成为了中国创新创业的风向标和温度计，来自全球的投资人流连于此，创业大街的意义早已超出了200多米的长度，而将中关村延伸到全世界创业投资的关注中。

秦君是创业大街的发起人之一，也是与中关村一同成长的天使投资人。在过去的16年，她见证了中国风险投资业的极速发展。

风险投资和私募股权投资在2006年、2007年开始崛起，到了2010年以后，就是这些人开始不断地被各种风险投资，包括私募股权投资。天使投资人发现，整个天使投资快速发展，然后又呈现出来第二批的创业，就是大学生创业，21岁的现象。

（秦君 君紫资本创始人）

如今的中关村常常被拿来和硅谷作比较，高校、人才、创新公司聚集，它也是除硅谷以外，全球最不缺钱、最不缺投资的地方之一。

20世纪90年代从中关村走出来的企业家，再一次以天使投资的姿态，投入到新时期的创业大潮中去。

我们现在在中关村活跃的天使投资人有一万多，他们很多都是今天中关村217家上市公司的创

大学还是那些大学，研究所也还是那些研究所，其实更重要的是，资本本身向这边集聚了，天使投资的分量也大幅度增加。这些年非常明显的就是天使投资在这边集聚得更多。
——柳传志
（联想集团创始人）

始人、高管，甚至一些骨干也成了天使投资人。

（郭洪 中关村管委会主任）

我是怎么开始做天使投资的呢？是因为我一个好朋友创业，他找风险投资，我就给他介绍了一个风险投资人，结果那个风险投资人说，你为什么不投呢，你这么看好，你为啥不投，我就是被逼着投了资。

我们二十多年前创业的时候没有任何人知道什么是正确途径，犯了一堆的错误，我觉得我们集所有错误之大全，干了二十多年，今天你来问我，我直接就告诉你答案，给你省多少时间、省多少钱，你的成功概率高很多。

（雷军 天使投资人）

今天的创业者是幸运的，因为越来越多的企业家成为天使投资人，他们看到过较多的创业风景，也经历过较多的起伏跌宕，他们的思考和观察，带来的不仅是资本的支持，更是精神和经验的支持。

而继天使投资人之后，创新资本链条上的下一个群体是更庞大、资金更充足的一个群体——职业风险投资家。

风险投资发生了变化，不再是银行家参与了，而转变成了熟悉高科技的人，他们在高科技领域工作过很久，并且把科技理念融合到了商业当中，形成了自己的商业哲学，或者说是诗学。就是把它当成一个梦想、一种渴望。

（皮埃罗·斯加鲁菲 《硅谷百年史》作者）

这是一个充满梦想的工作，也是一个充满风险的工作，你可以追寻自己的梦想，但是也会因此受伤，所以你需要学会识别可实现、有根基的梦想以及合适的人，将其与不可能实现的梦想区别开来。

（瑞米·巴拉卡 风险投资人）

瑞米·巴拉卡是以色列最大的风险投资机构Pitango 的风险投资人，在他的工作中，每天要与不同的创业者见面，通过谈话迅速了解一个人、一个想法或一家公司，并在有限的时间里作出投资决定。

在很多人看来，风险投资人的工作就是"花钱"。但他们花钱购买的并不是有形的商品，真正让他们买单的往往是创业者的梦想。而这些梦想在风险投资人眼里，被换算成另一套评价体系——风险。

为创新者的成本和梦想买单的往往是资本。

我喜欢冒险，但是风险要经过全盘衡量。我们要敢于冒险，但是也要具有专业素养，知道如何应对风险。就像运动，做极限运动时会受伤，甚至会很严重。但是如果你足够专业，就可以避免受伤。

（瑞米·巴拉卡　风险投资人）

在瑞米看来，风险投资和他喜欢的极限运动——冲浪的共同之处就在于如何应对风险，然而这项运动对于他来说，所冒的风险要比普通人增加数倍。

瑞米·巴拉卡说："这项运动对于我来说有一些困难，因为我在战争中受过伤，失去了我的左脚和右臂，我踩中一颗埋在壁垒中的地雷，这一切对我的心理造成了巨大的冲击，真的非常艰难。就在前一秒，我还感觉自己是世界之王，然后几秒钟之后，我什么都不是了。"

那场结束于 1985 年的黎巴嫩战争，带给当时只有 20 岁的瑞米带来了无法改变的身体创伤。但那场意外的经历也给了他重新站起来的勇气和自信，以及面对风险时的判断力，他把这种特质应用在了多年后的投资生涯中。

我曾经失去过一些东西，我也曾经失败过，如果这一切没有发生在我身上，我将会站在一个全然不同的位置上——我想要站在那里，我永远不会放弃。

（瑞米·巴拉卡　风险投资人）

好的投资机会，是每个风险投资人都不愿错过的。但对于曾经经历过难忘战争的瑞米来说，失去更意味着，迅速调整好状态，并牢牢把握下一次机会。

瑞米·巴拉卡说："我第一次见到伍迪的时候，他是一所大学的教授。他才华出众、很有名气，而我那时只是一个小孩。我当时想投资他，我们给他提供条款，但他没有接受，因为他早就有投资者了。"几年后，当伍迪创办第二家科技公司并准备融资的时候，瑞米已经做好了充分的准备。此时，他的风险投资基金规模已经位居以色列前列，在充分的尽职调查后，他迅速作出判断，成为早期投资人。不久，伍迪的公司被苹果公司收购，这也让瑞米获得了丰厚的投资回报。

纳斯达克：创新强大的资本支撑

在整个创新链条中，又是什么支撑着风险投资这个高风险、高强度、竞争激烈的行业呢？

位于纽约时报广场的纳斯达克电子交易所，是第一个走向风险投资产业的交易所。这不是传统意义的交易场地，而是世界上最大的电子交易平台，有三千多家公司在这里上市，汇聚了世界上最好的科技互联网公司。它们是世界的"苹果"，世界的"Google"，世界的"百度"。它们的共同点是，冒险精神和创新精神。

美国纳斯达克集团副董事长布鲁斯·欧斯特骄傲地说："我们看看这些在纳斯达克上市的公司，现在都是很被尊重的公司，我们对于纳斯达克市场上的创新感到十分骄傲。"

纳斯达克是创新公司的筛选器。登上这个舞台，是很多创业者的梦想，因为这意味着，公司创始人和早期员工获得了创业的回报，风险资本获得了退出的通道。但是站在这个舞台上的公司，很多都是还未盈利的，这些数字所代表的，是对公司未来作出的定价。

....

资本市场提供的对未来做定价、对未来做变现的手段，之所以对创新非常非常重要，就是因为创新带来的成果，往往需要很长的时间才能够显现出来，有的甚至需要上百年，而资本市场能够做的，恰恰是对未来很多年潜在的收益，提前做一些定价，然后同时提供这个变现的手段。

（陈志武　耶鲁大学终身教授）

....

纳斯达克电子交易所中实时变化的数字，牵动着无数投资者的心跳，影响着全球资本的流向，也改写着世界财富的排行榜。

百年前，美国财富榜上是洛克菲勒家族与摩根家族，是石油业与银行业；半个世纪前，它们是福特汽车、通用电气、沃尔玛，它们来自制造业与零售业；今天，它们是微软、苹果、谷歌，它们来自科技公司。

正是完善的资本退出机制，进一步繁荣了美国的风险投资业，科技与资本共同为美国的经济发展，带来了历史性的变革。今天，这样一种追求财富中无意造就创新的模式，成为许多国家争相效仿、渴望复制的样本。

2015年5月，百度在纳斯达克上市十周年，上市时市值8亿美金，如今已接近800亿美金。十年，百度为投资者带来了近100倍的回报。然而大多数中国人却无法购买他们的股票，分享他们的收益。

一些好的互联网公司，当时都是在海外上市的。我们没有这么一个资本市场、这样一个体制，能够帮助投资者来推出这么一个体制，这是一个很重要的问题。实际上，很多上市的中小板、创业板公司，利润都在3000万到4000万左右，甚至5000万左右，所以这种公司大概都有10年以上的历史，它们已经不是很早期的那样的公司了。

（熊晓鸽　IDG资本创始合伙人）

风险投资的退出机制是风险资本循环中的核心环节。

2014 年，阿里巴巴在纽约交易所上市，融资 218 亿美元，是美国历史上最大的首次公开募股。然而 15 年前的马云却在寻找投资的路上四处碰壁，中国的投资人没人能看懂这个年轻人勾勒的图景。直到他出现在日本软银创始人孙正义面前，这位风险投资家决定以 2000 万美元购入阿里巴巴股份。

我觉得老孙是一个特别有意思的人。既有一个创业者的激情，又有一个工程师的坚持。

他也是我见过的世界上超级富豪中，赔钱的时候眼睛眨都不眨的人。2000 年互联网危机的时候，他赔了上百亿美金，但他连眼都不眨，根本不关心。这么一个人，非常有意思，蛮有远见，他要是认准的东西，基本上是不管你说好也罢，不好也罢，他都会一个劲往前走。

〔闫焱　风险投资家〕

资本既能享有创新成功带来的巨大收益，还需承担创新失败蕴藏的风险。

对经验丰富的投资家而言，资本既带来神话，又曾制造灾难。2000 年，曾经创造繁荣的美国资本市场，目前正经受着互联网泡沫的震荡，让我们目睹了无数的惨痛失败。

泡沫时期，震荡非常厉害。

在一开始的一年半，每一件事都非常疯狂。你要疯狂地筹资，非常迫切地要投入市场。然后突然之间，资金蒸发，没有现成的资金了。

（彼得·蒂尔　风险投资家）

互联网泡沫破灭，给每个亲历者留下了不可磨灭的记忆。在那一年中，近一半的互联网公司在泡沫中消失；曾经人满为患的创业空间，几乎一夜之间冷清了；曾经叱咤风云的大公司开始裁员；曾经取得过辉煌成绩的风险投资公司，也黯然失色。

那段时间是很好的一课，很多人都逃开了，很多在我的创意实验室的人也走了，去更加稳定的行业工作，还有些人加入进来，我们很高兴，有些人走了，有些人留了下来，那些留下来的人是真正的企业家。

（比尔·格罗斯　创意实验室创始人）

这个行业有很多重要的变化，包括二级市场，所有这些都会对风险资本产生重大影响。

（提姆·德瑞普
德丰杰合伙人、德瑞普英雄学校创始人）

当大多数公司随着互联网泡沫褪去消失的时候，有创新力的公司存活了下来。成功和失败的最终判定，来自资本灵敏的嗅觉。

风险资本的一个挑战就是，人们会犯两种错误：你投资失败的公司，而不是投资成功的公司。你始终都在努力达到平衡，避免投资不好的公司，你在努力投资好的公司。因此，如果你想投资每一个好的公司，你也会投资很多不好的公司，这样就会损失全部资金。如果你不想投资任何不好的公司，也会错过世界上所有好的公司。因此，达到这种平衡始终都是非常棘手的事情。

〔彼得·蒂尔　风险投资家〕

相比经历过生死考验的美国资本市场，中国的风险体系无法在成熟度上与其相比，无论对于企业、对于民众，还是对于国家都是巨大的遗憾。

这是一个新兴的国家，它的资本市场是年轻的，它的投资人是年轻的，面对机遇时没有足够的经验加以判断，只能将财富拱手相让。这是发展中国家必然经历的阶段，也是转型国家必然遭受的疼痛。

而今天，大众创业，万众创新为我们带来了更大的机遇。我们期待中国的专业投资人来亲自书写下一篇章。

我们都明白我们会老，我们会退休，我们会生病，我们会死亡，如何让技术、资本、金融、新的创新创业的思想传承，在未来的年轻人中培养跟我们一样的人，发现他们、培养他们，用机制保障他们。

（马云 阿里巴巴集团创始人）

什么样的投资人能够创造未来的阿里巴巴、百度、腾讯？也许是能在迅速变化的时代把握真正的价值的人，是具备耐心和信念的人，也是眼光长远的人。风险投资就是在投资一个未来，未来的公司、未来的浪潮、未来的时代。

09

一个人的力量

在地球上，人类是最早，也许也是唯一能够意识到生死的物种。对死亡的认知既带来恐惧，也塑造着我们的生命，诱导人类探寻生命的意义。

苹果公司创始人之一史蒂夫·乔布斯曾说："让我们在宇宙中留下自己的痕迹吧。"

今天，已经逝去的乔布斯在人类创新史上留下了自己的痕迹。他塑造的产品代表着市场、艺术、科技，改变着人们对生活的理解。人们对他作出了这样的评价："你不必生而富贵，你可以生而一无所有，但是却能改变世界。"

在漫长的历史河流中，个体生命的存在只是一个瞬间，他们是如此渺小；但是当个体生命在创新的时候，他们的力量却是如此巨大，他们探索科学，创造出新的技术、新的公司和新的工作机会，最终这一切都会给地球上数十亿人，带来繁荣富足的生活。

创新与"企业家精神"

美国新泽西州的门罗公园，是美国著名发明家托马斯·爱迪生的实验室，1876 年，爱迪生在这里开始了他的发明生涯。

作为美国拥有最多发明项目的发明家，爱迪生对世界的影响却不仅仅来自这些数不胜数的发明。

在爱迪生发明白炽灯前，采用灯泡的想法已经有半个世纪之久，1879 年 2 月，英国物理学家斯旺比爱迪生早八个月，发明了碳丝电灯泡。

但是斯旺和爱迪生的最大区别是，斯旺发明了一个产品，爱迪生却创造了一个产业。

....

很多人都知道爱迪生发明了电灯，但实际上他所想的是：我怎样才能把电灯推向市场？如何进行大规模生产？如何让它可以反复使用，让人们不断来购买？

（贝斯·康斯托克　GE 首席市场官）

....

爱迪生在 1000 次试验后才发明了白炽灯；但他并没有止步于发明本身，而是把发明家的想象力和企业管理者精明的商业头脑结合了起来。当爱迪生第一次公开展示照明技术的时候，他作出了精准的选址——位于曼哈顿商业区的珍珠街，他要吸引那些富有的华尔街银行家。在爱迪生看来，"这场竞赛不属于那些迅速的人，而属于那些敢于冒险、有耐力而且有钱的人"。

借助银行家的资本，爱迪生创办了爱迪生电力照明公司，为商业化道路奠定了基础。

他不仅仅是一个发明者，还是一个革新者，因为他创造了电气系统、发电机，制定了财政分配、市场营销规则等，这些事情都是为了能让这个小而简单的白炽灯点亮全世界。这意味着要跟纽约腐败的政客打交道、跟煤气公司作斗争、改进发电机等。

（哈罗德·埃文斯 《他们创造了美国》作者）

为了让一只白炽灯点亮世界，爱迪生设立了发电站和输电网等相应基础设施，把能量输送到人们需要或想要到达的地方，并获得了给灯泡用户的接线权，他还建立了分销系统。1890 年，爱迪生将各种业务组建成为爱迪生通用电气公司。鼎盛时期，他创建或控制着 13 家大公司，缔造了他的商业帝国。

他很清楚整个商业模式和经济体。他把发明的产品不仅变为实用的产品，还推向了消费者。

（比尔·格罗斯 创意实验室创始人）

爱迪生的成功源自他将创新者的想象力和企业管理者的商业精神完美结合在了一起。

在门罗公园的实验室里，每申请到一项专利时，爱迪生就已经设想好了怎样应用这项发明，怎样使其成为商业产品，同时也在考虑怎样投资和进入市场。而门罗公园也作为世界上第一个产品研发性质的实验室闻名于世，成为今天现代企业研发中心的鼻祖。

门罗公园的实验室

将创新付诸实践的就是创业家们，也就是所谓的 entrepreneur，这个词最早是由 17 世纪一位法国经济学家提出的。这既不是指庶民，也不是指手工业者，而是一种新的生产手段，或使用新的技术做新的事业的人。

（米仓诚一郎　一桥大学创新中心主任）

在美国历史上，正是像爱迪生这样的企业家，带来了人类商业的繁荣：安德鲁·卡内基建立了美国第一家联合钢铁厂，开创了"钢铁时代"的第二次工业革命；亨利·福特引入生产线制造的T型车，让汽车工业在美国全面崛起；沃特·迪士尼并不是动画技术的发明者，却为全世界奉上了最有影响力的动画片；星巴克创始人霍华德·舒尔茨通过创新经营理念，重新定义了市场。

美国在快速进入新世纪时超过英国成为世界上最强大的工业国，其背后的推动力，很大一部分源于众多具有"企业家精神"的创新者。

不仅仅是在美国，在世界各地企业家精神被广泛地传播着。在德国，奔驰的创始人卡尔·本茨奠定了全球汽车行业的发展；在日本，松下幸之助开辟了日本电器企业全球经销史的新纪元；在韩国，三星的创始人李秉哲用手机占领了世界移动终端的半壁江山；在中国，华为的任正非提升了中国制造的能力，腾讯的马化腾改变了国人的通信方式，阿里巴巴的马云加速了零售业的变革。

企业是创新的主体，而企业家是主体中的旗帜。企业家发现市场价值的能力，企业家承担与冒险的能力，这些能力构成了企业家精神。这种精神，决定着一个行业、一个区域，甚至一个国家的创新能力。

企业家精神就是创新精神，就是承担风险的精神，就是探索未来的精神。
——吴敬琏
（经济学家）

221

一个人的颠覆性创新

一个人的力量有多大，他在现实中怎么被发现，怎么去彰显，当新一轮科技的到来时，又会是哪些人，率先发力呢？爱迪生，一个发明家，一个企业家，开启了人类的一个时代。而在互联网时代，谁会是下一个爱迪生呢？

那种激发人们想象力并将人们牢牢吸引住的能力是我们在130年后的今天仍旧需要掌握的技能。尽管爱迪生给我们提供了灵感，但毕竟我们所处的时代不同。我们面临着一个全球性挑战，科技变得越来越复杂，因此每一代人都需要在时代的大背景下进行创新。

（贝斯·康斯托克　GE 首席市场官）

今天，互联网将人类社会引领到一个新的时代，这是一个个性张扬的时代，个体的力量越来越强大。在这个时代，一个人颠覆一个行业、创造资本神话的频率大大超过爱迪生生活的年代。

刚开始设计脸谱是在我大学宿舍里，之后我和我的一帮兄弟，也就是后来脸谱网的联合创始人，一块搬到了一个房子里。起初就围着一张大圆桌讨论，有了办公室以后，我们希望办公室也能像以前一样有"家"的感觉，或者一块窝在宿舍的那种感觉。

（马克·扎克伯格 脸谱公司创始人）

由哈佛大学辍学生马克·扎克伯格一手打造的脸谱网，从平均每月用于租赁电脑的85美元运营开支，到建立起整个富可敌国的社交网络帝国，仅仅用了不到十年的时间。当人们感叹创新带来如此巨大财富效应的时候，让我们将时光倒回它的创建之初。

当时有很多人跟我说："社交网络成不了气候，最多也就在年轻人当中火一火"，但是之后我们突破了人们口中的界限。又有人说："好吧。但这顶多火一阵，将来指不定怎么样呢。"但是人们确实使用了很长时间，这时候又有人说："好吧。没准儿能支撑下来，但是肯定没法发展成大的商业"，"不可能指望着它挣大钱"。我觉得这些年最困难的就是，总会有人不相信你所做的事情的价值。

（马克·扎克伯格 脸谱公司创始人）

从开始创业的那一刻起，马克·扎克伯格就不断被周围的人泼冷水，质疑的声音来自身边的朋友，来自掌握资源的大公司，也来自社会舆论。今天这家全球人均创造价值最高的公司，在十年前曾面临着诸多困局。

今天，在世界各地纷纷效仿脸谱效应的时代，也许会有很多人感叹曾经失去了数以千亿计的商机，但是当下一个创新出现的时候，又会迎来多少质疑声？又会有多少人能忍受不被理解的孤独？又会有多少人可以坚定地走下去？

创新总是一开始不容易被大家认可，否则的话就不叫创新了。

（张首晟　美国斯坦福大学教授、富兰克林物理奖获得者）

我们的大脑就是指导模仿周围世界的巨大机器。因此，这是一种非常强大的力量，你不再模仿的时候，就会有创新。

（彼得·蒂尔　风险投资家）

创新，是人类天生被赋予的能力。但是，颠覆性的创新往往来源于某些生命个体的智慧，而非趋同的集体选择，在历史上，大规模的集体思维取得创新进展的情况并不多见。这就意味着，作出那些别人不曾想到的选择，需要足够的勇气和魄力。

谁愿意创业，谁愿意创新，一无所有的革命者就是这些创业者，他们一无所有，他们不创新，他

你必须在所有人都觉得这件事不可能成功的时候，坚信它是可以做成的。

——马克·扎克伯格

（脸谱公司创始人）

们活不下去。

（雷军　小米科技创始人）

好的企业家一定是要创新，而且勇于面对失败，愿意和勇于承担创业、创新或者创造带来的各种各样的风险，所以他们是勇于担当的人。

（毛大庆　优客工场创始人）

人人皆有创新的可能

创业者不受种族、地域、年龄的局限，横跨各个领域，从科技创新到商业模式创新。鼓励冒险、宽容失败已经成为创新、创业市场中最响亮的口号。在社会和科技飞速发展的时代，人们拥有了比前人多出百倍的创新机会，而个人的力量，也变得前所未有地耀眼。

今天的中国，也有越来越多的年轻人在思考着创新，实践着创新。

魏巍，一位80后科学家，开始对中国农业现状的关注和忧虑。

农业，自古以来就是人类在这颗蓝色星球上赖以生存的根本，是社会和文明发展的源头。中国是世界农业的发源地之一，农耕文明曾长居于世界领先地位。然而，在现代农业市场上，活跃的却是美国、加拿大这些发达国家的身影。一次偶然的访美之旅，让刚刚走出学校实验室的魏巍，有了更多的思考。

美国这么多年来，机械化的程度非常高，所以它能够用很少的人去驾驭很大的土地，我们的农民更多的是在面积很小，比如说一个家庭可能有几亩地，或者十亩地，在这样一个面积上去劳作，这个过程中可能更多的是通过手工的方式。

（魏巍　农业科学家）

1920年，美国就完成了城市化的发展进程，农业人口仅为3%，但它却是世界第一大农业出产国，60%的农产品外销。与此相比，同样是幅员辽阔的中国，却无法在世界农产品出口前三的榜单上占据一席之地。曾经闪耀千年的中华农耕文明，今天面临着进入全面机械化时代的巨大转变。

我们先想到的是如何帮我们的农民从繁重的体力劳动中解放出来，可以帮助他们用更少的体力、更快的速度、更少的时间，就能够把粮食收获下来。

在现在这个阶段中他们所生产出来的粮食能够更值钱、更有价值。

（魏巍　农业科学家）

2007 年，大学毕业后的魏巍，开始专注于培育现代优质玉米品种，借助育种学和基因学技术，使这些品种更适应现代化、机械化的生产。他想参与的是中国现代农业变革，也是世界农业格局的重新塑造。

我们从一生下来就面临各种选择，包括创新本身也是，去选择哪个路径，我们想要什么样的品种，我们想要选择什么样的种子。

（魏巍　农业科学家）

魏巍在中国的大地上，思考着他的梦。

半个世纪前，一位同样扎根于土地的科学家，也怀抱着关于粮食的梦想。他曾说："我梦见我种的水稻长得比高粱还高，子粒比花生还大，很高兴，我就在稻穗下乘凉。这是我的一个梦。"他就是袁隆平——中国"杂交水稻之父"。

人类有 39000 条基因，谁也不知道在这些基因之中潜伏着多少创新的因子。每个人都可以是创新的制造者，也可以是改变环境的人。创造力产生于动机，产生于想要创新的渴求。

费德里克是谷歌创新中心的负责人，2012 年，他在谷歌总部的一栋大楼里，开辟了一个训练创造性头脑的地方。

费德里克介绍：这是谷歌车库。它的标志是从一辆旧车上找到的，经过重新涂色，成为了"车库"（Garage）的标志。车库可以容纳170人。每周约有四五个团队会来到这里进行训练。

谷歌车库的标志

"车库"设计得真的很像一个车库，提供不同的工具，比如我们可以在这里进行研究，用这些工具你可以加工，可以围绕你的想法进行试验，让你的想法变得更加现实。

在谷歌，工程师们拥有20%的自由时间去研究自己钟爱的项目。在他们看来，在研究和发明自己热爱的东西时，往往就产生了创新。比如谷歌邮箱、谷歌新闻等许多著名的产品，都源自这项20%政策。

车库代表着一种环境。在这种环境里，最重要的事情是给人们自由，不要设置障碍，要让他们去追逐自己的梦想，让人们可以做自己感兴趣的事情。这实际上是一种创新文化，在这里一切皆有可能。

〔费德里克　谷歌创新中心负责人〕

创新不应该是昙花一现的潮流，也不应该仅仅是少数人思考的问题。并不是只有价值上亿，带来丰厚的经济效应，才能被算作创新。创新也有着不同的层次、不同的形式。

德国应用研究机构弗劳恩霍夫协会的福克斯教授，在声学领域，已经研究了50个年头。

噪声，无处不在地干扰着人类日常的生活，如何在不同环境里消除噪声，是福克斯教授研究的方向。虽然取得过不少创新成果，但是福克斯教授却发现，并不是所有人都能够被这些创新所惠及。

我发现之前的创新都十分昂贵，以至于很难真正应用到普通的幼儿园和中小学校里。柏林是德国最穷的城市之一，这就意味着为教室安装音响装备的经费很少。

〔赫伦·福克斯　声学教授〕

为并不富裕的学校改善噪声系统的想法，来源于福克斯教授在幼儿园工作的妻子。妻子告诉他，教室的噪音和声音分布不均的状况，会影响孩子们的交流，而长期生活在吵闹的环境里，甚至会影响孩子们的性格。

福克斯教授和他发明的吸音设备

这个箱子可以同时同效吸收低频率和高频率的声音，这是与之前室内音响设施相比有所创新的地方。可以说，这里面就是声音的死亡谷，声音就不会再出来。

（赫伦·福克斯　声学教授）

为了让最普通的教室也可以使用上最好的吸音设备，福克斯教授将原本构造复杂、安装条件苛刻的大型吸音设备，简化成能够适应教室的小型设施。在这项技术的研究过程中，妻子的去世，让福克斯教授做了一个决定。

在她过世之后，我创建了自己的基金会，并更大规模地创办起来。

我在斯图加特有一所房子，我将这所房子交于基金会，这所房子就不再属于我了，这所房子的收益就用于公益事业。

（赫伦·福克斯　声学教授）

放弃了安稳生活，退休后的福克斯教授来到柏林，开始了他的公益事业。

在三年的时间里，柏林已经有50所学校引进了福克斯教授研发的设备，这对于福克斯教授而言，仅仅是一个充满希望的开始。

所以在我职业生涯的最后阶段，我想要在离开这个世界之前为孩子们做点什么。

（赫伦·福克斯　声学教授）

创新是一种人生选择

亚马逊的创始人杰夫·贝佐斯在母校普林斯顿大学的毕业典礼上曾说，聪明是一种天赋，而善良是一种选择。天赋得来容易，因为它与生俱来，而选择往往很困难。

创新的动机，在很多时候也许和创新的能力同样重要。这个世界上，聪明的人不胜枚举，然而最终，能够使世界变得更美好的人，往往都是那些心怀善意、拥抱世界的人。

2002年，美国普林斯顿大学生物系迎来了历史上最年轻的终身教授——施一公。这位只有35岁的年轻的中国学者，已经在分子肌理研究方面取得了重要成就，但是学术上的成就并不能让施一公安于现状。随着和中国的交流日趋频繁，施一公感受到了发生在大洋彼岸的变化。

每次回国都很开心、很激动，看到国内的变化也很激动，但是走的时候一般都很惆怅，为啥呢？觉得自己只是一个旁观者，并不是真正参与在中国的变化里边。

（施一公　清华大学副校长）

2008年，美国规模最大的生物学及医学研究机构之一霍华·休斯医学研究所向施一公发出邀请，并承诺提供1000万美元的科研经费，面对优厚的条件，施一公却婉拒了这份邀请，并辞去了普林斯顿大学终身教授职位。

我从来没有把拿到普林斯顿大学终身教授职位作为我的终极目的，这个根本不是我的终极目的。

我总是在追求挑战自己的一些极限，总想让自己做得更好一些。

（施一公　清华大学副校长）

2008 年，施一公回到母校清华大学。他选择用自己在美国取得的成就，发展中国的生命科学技术，选择以一个参与者的身份，参与到祖国的创新建设中来。

而这种选择背后，来源于他大学时期形成的价值观。正是一场突如其来的家庭变故，从根本上改变了他对世界的看法。

创新是人生观和价值观的履现。

1987 年 9 月，我父亲在 21 日下班的路上，被一个由疲劳驾驶的司机开的出租车给撞倒了，昏迷过去了。脉搏每分钟 62 下，血压 130 / 80，医生告诉出租车司机说，先交钱后救人。像做生意一样，要 500 块钱押金。这个司机，没有办法，去筹钱。（晚上）11 点，司机把钱筹回来。但我父亲在太平间躺了四个半小时没有人给予任何的理睬。

（施一公　清华大学副校长）

父亲去世的时候，施一公正在清华大学读本科，曾经对未来充满憧憬的年轻人，却因为突然降临的巨大打击一度消沉，甚至怀疑整个世界。

现在我回头想想，心情还是很难平静，但是我确实想通了。我唯一能做的就是，在我力所能及的范围内，我觉得我得让这个世界变得更好一点，我要用我的方式去做。

（施一公　清华大学副校长）

在这之后的日子里，施一公用岁月融化着怨恨。回到清华大学后，施一公担任生命科学院院长、教授。2015年，他率领团队解析了超高分辨率的剪接体三维结构，被业界称为近三十年来中国在基础生命科学领域对世界科学作出的最大贡献。过去，一直在国际上处于弱势的中国生命科学行业，因为施一公的存在而彻底改变。

在我的视野里边，中国已经到了腾飞的时候，腾飞不靠项目而靠人，只要有一流的科学家、一流的科技人员，中国一定会腾飞。

（施一公　清华大学副校长）

科学让人的心灵更加安宁。

正是家国情怀，让施一公作出了自己的选择。而自从新中国成立以来，一批怀抱科学救国理想的青年科学家，作出了同样的选择。他们放弃在美国的优越生活，回到祖国。

1950年，数学家华罗庚乘坐"克利夫兰总统号"踏上了回国的旅程，这是新中国成立后第二批回国的留学人员。

1955 年，科学家钱学森从美国回到中国，满腔热忱地寻找着科学救国的技术，成为完成"两弹一星"的最重要力量。

而今天，从欧洲归来的科学家潘建伟，在 2015 年摘得中国科学最高奖。他的科学、他的创新又是怎样的呢？

··

如果大家对科学、对这原始的冲动没有兴趣的话，我们的国家就不可能变成一个真正的、创新的国家。

（潘建伟　中国科学院院士）

··

一个人的力量究竟有多大？从改善身边的一点一滴，到改变一个行业，再到改变整个世界。个人的力量并没有明确的界限，我们唯一能够确认的是，人类需要不停地挑战自我，或许有一天，我们也能够凭借一己之力触摸到宇宙。

一百多年前，法国人梅里埃拍摄了世界上第一部以太空旅行为主题的科幻电影——《月球旅行记》，这是人类第一次将对宇宙的好奇与幻想进行影像化的表达。在很长一段时间里，太空漫游、星际旅行、登陆火星、探寻适宜人类居住的超级星球……这些情节似乎仅仅停留在科幻电影里。但今天这些不再是幻想，一位怀揣疯狂太空梦想的企业家倾尽所有，让科幻故事的场景变成了现实。

Space X 创始人埃隆·马斯克在接受采访时说："Space X, 它的目的在于让生命超越地球的范围，即在火星上建立自给自足的城市，使生命能在多个星球上繁衍生息。因为如果生命能在多个星球上繁衍生息，那么人类的存在就会延长。"

人类生活在宇宙中，但却永远无法用直接观测的方法将宇宙尽收眼底，但人类对宇宙的探索从未停止，宇宙探索技术，可以说是人类历史上最难以攻克的技术，需要强大的智力与物力作为支撑，即使是在太空旅行最狂热的 20 世纪 60 年代，一次成功的火箭发射，依然要倾一国之力。

....

从前这甚至都说不上是一个梦想，更多的是一个不可能完成的任务。没人能登上月球。几个世纪甚至几千年以来人们都认为这是不可能的。在肯尼迪总统说"我们要登月"之前，他所制定的目标在当时看来几乎是不可能实现的。因此，如果我们成功了就可以向世界表明我们能做伟大的事。我们不仅仅是为了自己和朋友们的梦想，更是为了国家的荣誉，为了全人类。

（约翰·楚根森　NASA 登月项目科学家）

....

　　半个世纪以前，像发射太空旅行飞行器这样的太空探索计划，都需要动用军方的资源，动用一国之本才能够实现。然而，随着太空探索之热的冷却，国家拨款也逐步减少。于是，太空狂人埃隆·马斯克决定倾注一己之力来完成人类的太空梦想。2002 年，马斯克离开贝宝，作为当时贝宝的最大股东，他拿到了 1.8 亿美元后，出资 1 亿美元创办了 Space X——世界上第一家民营太空探索技术公司。

　　马斯克的目标是将火箭发射费用降低到商业航天发射市场的 1/10，并计划在未来研制世界最大的火箭用于星际移民。很多人认为马斯克此举很疯狂，也不现实。他们认为没人会喜欢这个项目，质疑到底会有什么人去火星。而且，美国四五十年来没有建立过什么火箭公司，马斯克完全没有火箭投资的经验可借鉴。

　　为了开启太空探索之旅，同时身为特斯拉电动汽车和清洁能源公司 Solar City 的总裁，马斯克将两个公司的大部分盈利都投入到 Space X 的项目研发中。但是公司从一开始就无法回避两个问题：开发火箭技术难度巨大，而且成本极高。2008 年 Space X 三次发射火箭都失败了，期间他不断地筹集资金，不断尝试，不断失败，因为其他两家公司也同时濒临破产，剩余的资金仅能够完成一次火箭的发射。如果第四次发射失败，公司将宣告破产。就在全球金融危机爆发的这一年，马斯克陷入了人生的最低谷，几近一无所有。

执掌的三家企业都处于破产的边缘，也许换做任何一个人都意味着要作出艰难的取舍，但是马斯克作出了一个大胆决定，坚持同时经营三家公司，而这种冒险背后，是怀抱对整个人类未来的思考：清洁能源和太空探索技术，将会改变人类的未来。

······································

他是一个非常了不起的企业家，我认为他是当之无愧的。他想要保住所有的控股，包括 Solar City，Space X，以及特斯拉，他几乎是在孤注一掷，就像在一个扑克牌游戏中，你把所有的筹码都赌上。

〔史蒂夫·尤尔韦特松　风险投资家〕

······································

在风险资本的帮助下，太空技术商业化的前景越来越明朗。2015 年 12 月 21 日，Space X 研发的一级火箭"猎鹰 9 号"首次实现了从发射到回收的全部过程。在此之前，所有的火箭只能发射一次便在大气中自动报废，而 Space X 不仅实现了火箭的回收，并且能够在一天之内完成整修并做好重新发射的准备。这意味着将大幅降低发射卫星，甚至载人飞船的成本。人类距离太空旅行梦想的实现从未如此之近。然而对于马斯克而言，这仅仅是他宏伟宇宙蓝图中的一小步。

我们想要的也并不仅仅是在火星上插上国旗和留下脚印，而是要开发出一种技术，有一天将数百万人送上火星。因为问题的关键是要创造一个自给自足的系统，这也就意味着，即便地球不再派太空飞船前往火星，那里的人一样可以存活下去。

我们从人类未来的宏观角度来看，这一点异常重要。地球有数十亿年的历史，而这是人类第一次有机会走出地球，我们也要做好充分的准备。或许这会是一次非常有意思的探险，可能是迄今为止最有意思的一次冒险。

〔埃隆·马斯克　Space X 创始人〕

千百年以来，人们无数次仰望天空，梦想着探索宇宙的奥秘。肯尼迪时代，要举全国之力才能将一架火箭送往太空，而如今，马斯克的 Space X 已经实现了火箭回收再发射的技术。据预测，马斯克的火星计划从 2030 年中期开始，到 2040 年前后就能建立火星"生存地"，而这与人类第一次踏上月球的时间相隔还不到一百年。马斯克让人类距离宇宙更近了一步。一个人的意志力量，也可以驱动整个世界的科技发展；一个人的太空梦想，或许也能开启人类又一个探索宇宙的全新纪元。

那些打破陈规、改变世界的创新者，他们有着一些共同的特征——他们都具有"可能的精神"和

"可以做的精神"，正是这样的信念，让他们有推动世界前进的动力，他们不会在意怀疑者的否定，甚至不知道失败为何物。

这就是一个人的力量。

迪士尼说，我们要带给人快乐。

比尔·盖茨说，我们要在世界范围内消灭疟疾。

马克·扎克伯格说，我们要彻底颠覆教育。

谷歌官方公布的使命是：集成全球范围的信息，使人人皆可访问并从中受益。

今天，地球上的每一个人，无论你是一个家长，你是一个企业家，你是一个农民，你是一个官员……你都能够在创新的面前有所作为。你可以给失败者宽容的目光，你可以培养孩子的好奇心，你可以捍卫保护创新的制度，你可以开拓无限的市场……从某种程度上来说，人人都是创新者，都可以成就一个意义非凡的创新。

10

未 来

在德国柏林科技博物馆里，陈列着一个独一无二的热气球，它的创意出自一部小说。在18世纪法国作家路易斯·梅西埃的科幻小说中，他畅想了2440年的世界：到那时，人类可以把城市建造在一艘船上，随热气球升空，去往遥远的富庶的东方国家——中国。

作者的浪漫想象来自于他所生活的时代，1783年，人类第一个热气球载着一只公鸡、一只山羊还有一只鸭子，在巴黎成功升空，虽然只飞行了1.5英里，却开启了人类畅想天空的时代。以至于当时的人们认为，热气球就是未来的空中交通工具。

今天，我们提早实现了小说家的畅想，从法国到中国，只需要飞行十几个小时。在热气球发明的120年后，莱特兄弟的飞机试飞成功，圆了人类的飞翔之梦，也从此带动了整个航空产业的发展。这是生活在18世纪末的人们无论如何也想象不到的。

正是创新，让人类不断超越时代局限，让古人曾梦想的未来，成为今人可以触摸的现在。GE首席市场官贝斯·康斯托克十分肯定地说道："有时候我希望我们能换一个词来表达'创新'这个概念，但无论如何创新的精神是不变的，创新就意味着决定未来的发展方向。"

回顾历史，正是那些灿若星河的创新者，让生活在今天的我们，一出生就被创新惠及，这些创新几乎覆盖了我们生活的全部，手可触摸的地方，眼睛可看见的地方，几乎都是人类创新的成果。眺望将来，我们能给未来的人类带去什么？我们又如何塑造地球的未来？

异彩纷呈的未来世界

诺亚与父亲互动

爸爸：这段视频很好，你喜欢录视频还喜欢照相，对吗？

诺亚：我喜欢录视频，但是不喜欢照相。

爸爸：你更喜欢视频，但是你可以把你的视频上传到推特上面吗？

诺亚：可以的。

尽管只有五岁，诺亚已经能熟练地使用社交软件推特，并拥有上千名粉丝。每天在社交网络上与家人、朋友互动，是他日常生活中必不可少的环节。

对于一个五岁的孩子来说，这可能会成为追随他一辈子的东西，接触有关互联网的东西对于他来说是生活的一部分，他并不是因为兴趣，而是因为熟悉，只要他用手指触摸到，就会想要一直使用这些东西，他就会一直触摸屏幕直到自己玩转这些设备。

（迈克尔·纽曼　威斯康星大学密尔沃基分校媒体学学者）

诺亚这一代是伴随"数字时代"成长的孩子，他们从出生开始就生活在互联网创新爆发的世界环境中。在会写字之前，他们就懂得如何使用网络记录生活、表达想法、与陌生人交流和与世界联系。这些孩子们，一辈子都会生活在一个用网络连接起来的世界中。

……我觉得这些很不可思议。

（迈克尔·纽曼　威斯康星大学密尔沃基分校媒体学学者）

科技的发展彻底改变了人类的生活方式和思维方式。通过网络，诺亚这一代，得到的是更加直观的信息、语言、图像和触觉的体验，这是否会使他们成长为更有创新力的一代？没人知道答案，但可以肯定的是，创新已经永远地改变了地球及其居民，它塑造了人类历史，并且影响着我们的未来。

我们不知道电子革命最终的结果，但可以肯定的是，它必将永远主导世界的沟通方式，在我们的

我们确实处在一个通往全新技术和创新世界的节点，而这些技术和创新会极其惊人地改变我们生活和工作的方式，使得过去看起来非常平淡无奇。
——保罗·纽恩斯
（《大爆炸式创新》作者）

全球化交流中占据支配地位。

（约翰·奈斯比特　未来学家、《大趋势》作者）

这就是我们生活的时代，不断超越古人想象的未来世界。

古埃及人无法想象他们崇拜的太阳神，今天成为可以被人类利用的能源。

原始部落的人类不会想到，他们为躲避野生动物侵害而建造的树屋，今天却成为网络房屋出租中最热门的选择。

罗马人不会想到千年后，有人会以他们为原型，创造出无数娱乐大众的电子游戏。

生产汽车的亨利·福特和发明电池的物理学家伏特，不曾想到，这两者有一天会结合在一起，变成电动汽车。

创新，迅速把人类带到纷繁复杂，又异彩纷呈的世界。

凡是过去，皆为序曲

今天，几乎每一样改变人类生活的创新，我们都可以在历史中寻找到促成它诞生的"因果关系"，也许来自某些科学理念的提出，也许来自某些发明的创造，也许是一系列科学和技术的叠加。一些创新诞生初期，也许并不为人注意，然而它们将注定

创新将让我们的世界更加异彩纷呈。

改变我们的未来。

瑞典卡罗林斯卡医学院，是诺贝尔生理学或医学奖评委会所在地。在每年诺贝尔奖颁布之前的三个月，来自全世界的评委就在这里，审慎评估着科学界的至高荣誉，最终应该花落谁家。

瑞典卡罗林斯卡医学院

我们不会试着去预测谁会在未来有所发现。当然在已经获得的这些发现中，我们必须要明确哪些是能对未来产生重要影响的发现。

（戈兰·汉森　卡罗林斯卡医学院诺贝尔奖评奖委员会秘书长）

回顾诺贝尔生理学或医学的历史，可以看到它基本上描述了 20 世纪文明的重大进步，有很多医学界的伟大成就，如盘尼西林的发明、疫苗的发明、脊髓灰质炎病毒的发现、人类免疫缺陷病毒（HIV）的发现等，改变了人类的生活。

但是，这些重大的发明和发现往往需要较长的时间才能转变为应用成果，对创新成果的重大意义的认知也会滞后。比如，当沃森和克里克因为发现DNA结构而获奖的时候，他们的优势并不明显。有人认为他们的发现没有实际功用。经过很激烈的讨论，最终他们获得了奖项。

一项正在塑造人类未来的重要发现，却差一点与诺贝尔奖失之交臂。但这并不是评委的疏忽，而是因为DNA双螺旋结构，对当时的人们来说，太过新奇和抽象。没有人意识到DNA——这根肉眼看不到的细线，掌管着生命的进化与传承。它为未来人类基因领域的研究埋下了重要的"因"，只有随着未来的临近，才会越来越清晰地显现出来。

- -

我们通过DNA理解了人类是如何发展的，它的作用非常大，虽然当初只是被认为是一种理论发现，但是它已经从各个方面改变了我们的生活。

（戈兰·汉森　卡罗林斯卡医学院诺贝尔奖评奖委员会秘书长）

- -

在创新面前，人类社会似乎总是后知后觉。18世纪普鲁士国王曾预测铁路的发明将会失败，因为人们骑马就能够在一天之内免费从柏林到波茨坦；19世纪末，著名的西联公司认为：电话有太多缺点，没法当作真正的通信手段；19世纪英国物理学家开尔则宣称比空气重的飞行器不可能实现；1943年，IBM主席认为全世界的计算机不会超过五台。

如果你纵览历史上的预言和他们的结果，会发现他们往往是错误的。你对于未来的预言越自信，你就越会在随后感到尴尬。

（拉里·唐斯 《大爆炸式创新》作者）

人们很难作出一个预言，尤其是针对未来。

2015 年，诺贝尔奖评委们作出决定，授予来自中国的科学家屠呦呦诺贝尔医学奖。在获奖感言中，屠呦呦引用莎士比亚名言"凡是过去，皆为序曲"，来描述人类的创新活动。

同样，今天也是未来的序曲。那么，创新会出现在哪里？哪些会引领未来？虽然人们无法斩钉截铁地对未来作出预测，但未来就存在于世界某个角落的实验室里、车库里，甚至是某个人的梦境里。

隐藏在硅谷的机器人公司、挑战人类智慧的谷歌阿尔法围棋人工智能、日本的仿真机器人、中国2015 年世界机器人大会的召开……全球的人工智能已经迎来了突破性的发展。

在人工智能领域，几乎每天都有科幻小说提到的技术变成现实。1983 年科幻小说家弗诺文奇预测：我们很快就能创造比我们自己更高的智慧。当这一切发生的时候，人类的历史将到达某个奇点。

人工智能早在几千年前就有了。实际上很多机械创新的目的都是为了创造出能够对环境作出反应的、能像人一样行动的机器。那些开发这种机器的工程科学家兼哲学家不光对人表面的行为感兴趣，他们还对人类内在的奥秘感兴趣。

随着人类文明的进步，我们需要借助一些比我们更聪明的机器让我们自己变得更聪明，也让我们的文明更加智慧。

（大卫·汉森　汉森机器人技术公司创始人）

人工智能可以让人类从简单重复的工作中解脱出来，享有更多自由的时间去想象未来、塑造未来。

借助不断深入的科学探索，人类不仅可以拥抱更多像人工智能这样的发明创造，还可以期待更多具有深刻影响的创新诞生。

生命科学，通过对人体奥秘的研究和解析，来提高人类生命的质量。

太空技术，通过对无限宇宙的探索，为人类拓展生存的空间。

互联网和虚拟现实技术，让信息在人与人之间，在虚拟和现实之间互联共享。

能源技术，通过寻找新的能源，激发动力的变革和突破，创造可持续的未来。

在创新中共赢

为未来而创新，这种力量源于个人的目标与梦想，来自企业的生存与竞争，也来自国家的战略和布局。

今天世界竞争的格局，大多数依然是以国家为单位，以国家为意志的。19 世纪末，法国微生物学家、化学家巴斯德就在普法战争时期拒绝了德国波恩大学授予的学位证书。他说："科学虽没有国界，但科学家却有自己的祖国。"这句话表达了一位科学家深沉且笃定的家国情怀，也成为一句著名的爱国名言，被演绎成不同版本。

20 世纪影响世界的一个重要科研计划——曼哈顿计划，其背后就是不同立场的科学家们之间的一次竞赛。

哥廷根市是一座位于德国西北部，人口不到 12 万的幽静小城，是近代数学的诞生地，也曾是德国乃至欧洲的科技中心。世界各地慕名而来的科学家和学者常常聚在这里，进行学术交流。但是 1933 年，一场巨变几乎将它变成一座空城，很多人一生都没有再回到这里。

在纳粹德国时期，那里突然爆发了对犹太族裔的屠杀，当然也包括犹太裔的科学家和研究者。

科学虽没有国界，但科学家却有自己的祖国。
——巴斯德
（法国微生物学家、化学家）

每个领域的科学研究在德国都经历了巨大的挫折，因为这些研究者们都不在了。

（罗伯特·约翰·奥曼　诺贝尔经济学奖获得者）

第一批上纳粹黑名单的科学家里，就有爱因斯坦。1933 年，希特勒上台的这一年，爱因斯坦前往美国举办了自己的演讲，从此之后直到 1965 年在普林斯顿逝世，他再也没有返回过德国。

1939 年，第二次世界大战在欧洲爆发之际，一封有爱因斯坦署名的信件被辗转送往白宫，这封信成为曼哈顿原子计划的开端。

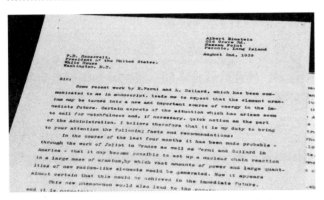

爱因斯坦在 1939 年写给美国总统罗斯福的信

在这封信中爱因斯坦警告美国要警惕纳粹德国发展原子弹。他描述了纳粹德国发展原子弹的危险性。

（罗尼·格罗兹　爱因斯坦档案馆创始人）

从 1937 年开始，纳粹德国开始了"铀计划"，率先进行原子弹的研发。但随着大量被迫害的犹太科学家流向美国，局面被改变了。

1941 年 12 月 6 日，美国制定了代号为"曼

"哈顿"的研究计划，罗斯福总统赋予这项计划"高于一切行动的特别优先权"，动员了包括当时世界上最优秀的核科学家在内的 10 万余人参与这项计划。

这是国家之间的较量，也是不同立场的科学家们之间的较量。在这场对决中，因为纳粹而逃亡美国，并被美国重用的犹太科学家发挥了重要作用。由此带来的知识和技术，也使得美国在第二次世界大战中占据了科技优势。

………………………………………………………………

包括像爱因斯坦在内的这些人才对美国后来的科技大国的核心地位的树立，起到了非常大的作用。

（王辉耀　中国与全球化智库理事长）

………………………………………………………………

在爱因斯坦晚年，他曾因原子弹造成的重大伤亡，而后悔写下那封信。然而战争时期，曼哈顿计划的实行不是个人意志可以扭转的。在相当长的时间，只要国家体系存在，只要国境线没有消失，科技创新的竞争，将一直是人类社会和国家发展的主题。

现今已近 90 岁的约翰·楚根森，从小就是火箭迷，对宇宙的向往让他记住了一个特别的日子——1957 年 10 月 19 日。那天，他从报纸上看到苏联第一颗人造地球卫星"伴侣号"发射成功。这条消息不仅激起了小约翰的无限遐想，也震惊了整个美国。面对苏联在航天领域的突破，美国倍感压力。第二年，美国国家航空航天局成立，开始部署太空计划。美苏两国的太空竞赛就此发端。

这是一场冷战，因为我们都不想打一场硬战，向彼此扔炸弹，那样会带来恐怖的后果。那么如何与其他国家竞争，以赢得世界的尊重？如何显示自己的优越性？如何向世界证明自己的国家要比其他国家好呢？

（约翰·楚根森　美国航空航天局登月项目科学家）

在和平时期，争夺科技领域的制高点是国际竞争的重要体现。1961年，阿波罗登月计划正式启动。约翰·楚根森成为那个特殊时代的见证者，毕业后他的第一份工作就是就职于航空航天局的任务控制中心，负责阿波罗计划的飞行任务。

在肯尼迪总统说"我们要登月"之前，苏联在太空探索领域远远领先于美国。有意思的是，当时他说我们要登月，并不是因为这个目标容易达到，相反，是因为达到这一目标十分困难。大家都知道达成这一目标十分困难。

（约翰·楚根森　美国航空航天局登月项目科学家）

1967年1月，阿波罗一号还没有发射，灾难就发生了。在一次地面试验中，氧气舱爆炸，飞船着火，三名宇航员全部遇难。

这次事故没有动摇美国的决心，反而帮助他们发现了很多问题，做了大量改进，大到飞船的设计，小到宇航服。经过将近九年的艰难探索，历经三次无人任务，七次载人任务，人类历史上的一个重要时刻到来了，全世界都把目光聚焦在即将登月的阿波罗 11 号上。

人人都想成为第一人，阿波罗计划中的所有宇航员都希望自己成为第一个登上月球的人，但人选只有一个，只能选一个。所有的宇航员都想成为第一个登上月球的人，为了自己也为了国家。这是非常正常的。但幸运的是。尼尔·阿姆斯特朗成为了最终的人选。

〔约翰·楚根森　美国航空航天局登月项目科学家〕

1969 年 7 月，在 200 多所大学，80 多个科研机构，总参与人数超过 30 万人的强大支撑之下，阿波罗 11 号宇宙飞船跨过 38 万公里的征程，承载着全人类的梦想踏上了月球表面。

尼尔·阿姆斯特朗走下梯子，到达月球表面时的第一句话是，这是一个人的一小步，却是人类的一大步。我一直觉得有趣的是，没人事先知道他说什么。NASA 没有告诉他说什么，NASA 也没有建议他说什么，但 NASA 相信他能说出一句让历史铭记的话。

（约翰·楚根森　美国航空航天局登月项目科学家）

阿姆斯特朗登月

作为登月的第一人，阿姆斯特朗的一小步，也是人类进程的一大步，阿波罗 11 号登月的成功，标志着美国在月球探测中取得了最为辉煌的成果。

进入 20 世纪 70 年代，随着美苏关系的缓和，大国之间的直接对抗已经减弱，但越来越多的国家意识到，经济和军事的增长源于科技，如果要发展成一个强国，科技是不二选择。

科技创新是强国之路的必选项。

我们大家现在对美国当年的曼哈顿计划，后来的星球大战，特别是信息高速公路等耳熟能详，它们使美国的经济进入了一个快速发展阶段，同时改造了美国的经济结构。科技创新对于经济社会发展的贡献越来越明显。

美国国立卫生研究院，作为美国卫生健康体系的核心机构，即使经过重重审批，仍然需要通过严格的安检才可以进入。

美国国立卫生研究院

在里面，进行着众多重要的研究项目，其中有一个项目彻底改变了人类健康医疗技术发展的历程，也成了世界科研合作的典范，这就是"人类基因组计划"。埃里克·格林就是这个项目最早的参与者之一。

1990 年"人类基因组计划"在美国首先启动。根据计划，科学家们要在 15 年内寻找出数万个基因，确定 30 亿个碱基对的排列顺序，最终构建一张类似化学元素周期表的人类基因组精确图谱。英国、法国、日本也建立了基因组中心开展研究。20世纪 90 年代后期，德国和中国相继加入这一计划。

在有基因学之前，所有生物药物的研发都由单独的实验室、发明者来研发完成，并发布他们的成果。但是基因学以读出人类蓝图为目标，这个目标无法以单个实验室来达成，不能也不应该由某个单独的国家完成，所以这个项目一开始就确定应该是个庞大的团队来完成，有多个国家来共同研究。

（埃里克·格林　国家人类基因组研究所主管）

有些国家确实有很强的资金支持，例如英国和美国，但是其他的一些国家也很有兴趣参与，我觉得这实现了国际化的愿望，全球一起分享各自的经验。

（乔治·彻奇　哈佛大学医学院遗传学教授）

六个国家的 16 个中心，上千名科学家参与了这项意义深远的国际合作。多国的协调合作也使得这项计划得以提前完成。2000 年 3 月 14 日，人类基因组计划完成，根据事先制定的公约，全部成果将与全世界的科学家进行共享。

当人类日益紧密地生活在这个星球上，面临着共同的未来：生态、环境、疾病、能源、教育……这不是某一个人或某一个国家的问题，而是关系到全人类共同福祉的大问题，各个国家需要竞争，也需要合作，更需要为世界发展作出创新的努力。

当科技创新影响到一个国家发展的时候，方向和路径是十分重要的。那么，当所有的国家进入创新驱动阶段的时候，首先做的一件事不是平铺大开，所有的领域都去投很多钱，而是要选择一个重要的方向，而这个方向一定和世界经济与技术发展方向是一致的。

（万钢　中国科技部部长）

今天，几乎每个国家都制定了中长期的国家战略规划。

美国 2016 年宣布抗癌"登月计划"，在癌症研究、治疗和治愈领域迈出关键一步。

欧盟正在进行名为"地平线 2020"的科研规划，针对气候变化、再生能源等多个社会问题发起挑战。

德国将"工业 4.0"上升成为国家战略，开发智能服务、智能数据、云计算等领域中的无限可能。

英国在科研政策和预算上侧重基础科研，以创造大量实用的技术创新和就业机会。

日本将结合信息通信与人工智能科技，倾力打造"超智能社会"。

2016 年 5 月，中国提出建设世界科技强国的目标，面向科技前沿、经济发展和国家重大需求，加快科技创新，掌握全球科技竞争的先机。

我们很多关键的高技术、核心技术是买不来的，也引进不来的。

我们要想真正成为一个创新性国家，靠创新驱动发展使科技起到核心的作用，一定要自主创新。但是这个自主创新并不是说关起门来跟别人没关系，而是国际合作。但是我们自己要掌握我们的知识产权，我们自己能够把核心的关键问题掌握在我们自己的手里头。

（白春礼　中国科学院院长）

自主创新是科技强国的重要使命。

创新将把人类带向何方？

马匹拍卖场

图中是美国中部的一座马匹拍卖场，拍卖师用当地的方言，以吟唱般的韵律进行报价，引导着整个拍卖会的进行。在当地，这样的拍卖活动每周都会进行，因为生活在这里的人们，依然将马匹当作出行和劳作时最重要的动力来源，他们就是阿米什人。

18世纪，阿米什人为了寻求自由，从瑞士来到了北美大陆，开始建立他们心目中的理想家园。在这里，他们日出而作，日落而息。自给自足的宁静生活就是他们所追求的一切。任何破坏这种平静生活的外来因素，都会引起他们审慎的思考，特别是科技产品。

马车上的阿米什人

很多传统阿米什人拒绝使用汽车。当汽车在20世纪初出现的时候，他们看了看这个新机器，然后想，汽车能让人到很远的地方……这样人们就会离开社区，让人们更加自主地选择如何控制自己的生活、接受本地社区以外的影响。因此，传统阿米什人最终决定，对汽车说不，不能拥有这个东西。

（克里·安德森

俄亥俄州立大学霍尔姆斯地区分校农村社会学教授）

创新会带来什么？我们又会因为创新带来的便利而失去什么？这是阿米什人一直在思考的问题。他们抗拒的不是科技本身，对于电力、汽车、互联网、电话……这些现代文明不可或缺的技术，他们只是谨慎选择，保持距离。

正是因为科技的这些吸引人的好处，使阿米什人选择限制科技的使用。科技的确有魅力。……科技有一定的价值，同时重新塑造了人们的价值体系。问题在于，是谁在控制我们的科技？他们的价值体系是什么？他们对各国文化造成了怎样的影响？给人类带来了怎样的影响？

〔克里·安德森

俄亥俄州立大学霍尔姆斯地区分校农村社会学教授〕

阿米什人以自己的方式在美国生活了 300 年。这 300 年，也是世界发生巨大变革的 300 年。当世界飞速发展的时候，阿米什人选择主动调慢变化的时钟，放缓前进的脚步。这样的观念和生活方式，在高度现代化的美国，仿佛让人们置身于不同的时空。

面对科技和创新，也许并不是所有人都愿意热忱拥抱。有些人选择反思、有些人选择远离、有些人选择适应，但是人类的创造力和人类的创新始终不会停止，阿米什人启迪了我们对自身需求的思

20 世纪的美国发生了太多的变化，阿米什人希望维持和奉献不同的东西，为世界带来一盏明灯。

——克里·安德森

（俄亥俄州立大学霍尔姆斯地区分校农村社会学教授）

考，启迪了我们对人类未来的思考，因为人类的命运，最终由人类自己塑造。

如果我们不创新，如果没有科技进步，那么未来就会更有挑战，因为世界的资源最终会非常匮乏，会有能源问题，各种不能被解决的问题。因此我认为世界存在的大问题只能由技术创新来解决。正因为如此，我们才需要不断尝试，我们才需要不断努力创造新事物。

（彼得·蒂尔　风险投资家）

创新可能带来的问题，依然需要人类通过创新来解决，所以当我们放眼全世界时，可以看到创新带来的改变：

创新，可以将以色列这样自然条件恶劣的国家，通过滴灌技术、海水淡化技术，打造成沙漠中的一片绿洲。

创新，让世界大部分居民拥有了电话、电视和抽水马桶，在19世纪末，就是全世界最富有的人对这些东西，也不敢奢望。

创新，让非洲的穷人，可以饮用干净的水，可以获取基本医疗，可以通过网络享受知识。

创新，带来的不仅仅是经济的繁荣，还有更多的自由，更多的公平……

> 创新可能带来的问题，依然需要人类通过创新来解决。

世界经济不断增长的同时，我们要养活非常多处于贫困中的人口。当今世界约有10亿人口，他们每天的生活费不到1美元。这些人口也需要吃饱穿暖，变得更富足，至少达到温饱的水平。

在过去的一段时间里，我们认识了到科技、发明可以让人们战胜许多生存的难题。

通过创新和崭新的社会模式去克服未来挑战，这本身就是一个最大的挑战，但我坚信，我们可以克服这些挑战。

（罗兰·贝格　罗兰贝格战略咨询荣誉主席）

现在我们的用户只有10亿多人，但是世界上总共有70亿多人，我们距离这个目标还差得很远，我们必须要冒险。在目标完成以前，我们还有很长的一段路要走。如果我们不敢向前去冒险，就永远都完成不了这个目标。

（马克·扎克伯格　脸谱公司创始人）

从长期来看，所有的人类劳动都将实现机器人化，比如说500年之后，基本上没有任何的物理活动人类可以做得比机器人更好。

（史蒂夫·尤尔韦特松　德丰杰合伙人）

至少今天的科技不能去逆转的情况就是，只有一件事情是越用越少，那就是时间，什么样的科技发展可以扩展每个人一生所拥有的时间，这个可能是，至少是其中一个最大的科研问题。

（沈向洋　微软全球执行副总裁）

未来科技馆球形显示屏

位于东京的日本未来科学馆，是日本最具现代化的科技馆之一。这里最具标志性的一个展品，是悬挂在大厅中央，直径6.5米，表面镶嵌着约100万个LED的球形显示屏。这不是一个普通的地球仪，通过接收全球各地科学家和研究机构的实时数据，人们可以亲眼目睹我们生活的这颗星球每分每秒的变化，以及它未来的命运。

这个想法来自未来科技馆的馆长——毛利卫。他也是日本首位进入太空的宇航员。

宇航员飞出太空，绕着地球转的时候都会觉得地球很美丽，而且是一个对我们来说很重要的东西。……于是我们就想将地球对我们不可或缺的这一面展现给大家。

我从宇宙往地球看的时候，我是这么想的，现在全球的72亿人仅仅依靠很稀薄的空气和不多的水资源等有限的能量和粮食生存着……在那个时候我就觉得创新的最终目标是要使人类能继续生存下去。

（毛利卫　日本未来科技馆馆长）

现代人类存在的时间只占地球历史的万分之一。即使是存在如此短暂的时间，人类的登场也是十分幸运的，人类与黑猩猩基因之间的差异约为百分之一，而这百分之一的差别，让人类如此不同。一次一次的创新，让人类的创造力不断彰显，人类的生活变得越来越富足，地球的容颜也发生着巨变。因为创新，人们的生命越来越长；因为创新，人们自由支配的时间也越来越多；因为创新，人们获取知识的方式越来越多样；因为创新，人们可以期待更长久的和平。

人们渴望创新，人们畅想未来，由此会让创新永无止境。

人类创新的命运是由人类自己塑造的。

图书在版编目（CIP）数据

创新之路 /《创新之路》主创团队 著 . —北京：东方出版社，2016.6
ISBN 978-7-5060-9073-5

Ⅰ. ①创…　Ⅱ. ①创…　Ⅲ. ①国家创新系统—研究
Ⅳ. ① G322.0

中国版本图书馆 CIP 数据核字（2016）第 124586 号

创新之路
（CHUANGXIN ZHI LU）

《创新之路》主创团队 著

策划编辑：姚　恋
责任编辑：姚　恋　邓　翃
出　　版：东方出版社
发　　行：人民东方出版传媒有限公司
地　　址：北京市东城区东四十条 113 号
邮政编码：100007
印　　刷：北京汇林印务有限公司
版　　次：2016 年 7 月第 1 版
印　　次：2016 年 7 月第 1 次印刷
开　　本：710 毫米 ×960 毫米　1/16
印　　张：17.5
字　　数：230 千字
书　　号：ISBN 978-7-5060-9073-5
定　　价：39.80 元
发行电话：（010）85924663　85924644　85924641